KB191260

내 아이에게
하버드를 선물하라

내 아이에게 하버드를 선물하라

Jiyoon Kim 지음
김완교 옮김

느낌있는책

독자들에게 드리는 말씀

≪내 아이에게 하버드를 선물하라≫는 20명의 하버드 학생들과 졸업생들의 입시 과정에 대한 개인적인 생활과 학업에 대한 조언을 학생들과 부모님들께 전달하는 책입니다.

이 책은 원래 한국 독자를 위해 기획되었으나, 미국 독자들로부터 받은 긍정적인 반응 덕분에 영문판으로 먼저 출판하게 되었습니다. 비록 모든 인터뷰 대상자들이 한국계이지만, 이들의 개인사에는 누구나 공감할 수 있는 보편적인 메시지가 담겨 있다고 생각합니다.

각 인터뷰는 최대한 '있는 그대로'의 상태로 기록했습니다. 실제 인터뷰에서 학생들이 사용한 단어들과 사전 설문지에서 작성한 일부 답변들을 섞었습니다. 각자의 목소리와 개성 색채가 각자의 프로필을 돋보이게 하는 요소입니다.

서문

라스베이거스의 벨라지오와 같이 끝없이 펼쳐진 뷔페에 처음 들어서면 어디서부터 시작해야 할지 알기란 거의 불가능에 가깝다. 탑처럼 쌓인 해산물, 맛있어 보이는 페이스트리, 줄지어 펼쳐져 있는 지글거리는 요리들까지 다양한 메뉴 그 자체에 매료되면서도 압도된다. 게 다리를 먼저 집어야 할까? 초콜릿 퐁듀 분수를 위해 배를 남겨둬야 할까? 이런 풍성함은 사람의 마음을 설레게 하지만 한편으로는 부담스럽기도 하다. 나에게 하버드는 딱 그런 느낌이었다. 기회가 넘쳐나지만 어디서 시작해야 할지 알 수 없는 그런 곳 말이다.

처음 하버드를 갔던 때가 아직도 생생하다. 열두 살 때 가족과 함께 떠난 대학 탐방 여행이었다. 하버드와 특별한 연고가 있던 건 아니지만 부모님께서는 나에게 가능성을 보여 주고 싶어 하셨다. 캠퍼스를 돌아다니며 본 하버드의 역사, 완벽하게 정돈된 잔디밭, 자신감을 뿜어내는 듯한 학생들에 압도당했다. 열두 살의 나에게 그 학생들은 마치 슈퍼히어로처럼 느껴졌다. 뭐든지 해낸 사람들처럼 보였다. 자극이 됐지만 동시에 절대 닿을 수 없다고 느꼈다.

수년이 지나 나는 하버드 교육대학원(Harvard Graduate School of Education)의 대학원생이 됐다. 그러고 나서야 슈퍼히어로들이 사실은 평범한 사람들이라는 걸 깨달았다. 복잡한 이야기와 의심, 실패, 그리고 꿈이 있는 그런 사람들이었다. 내가 완벽함으로 보았던 것은 사실 끈기였고, 자신감으로 보였던 것은 종종 생기는 의심을 단단한 결의로 포장한 것이었다. 이 사실을 깨닫고 나니 하버드는 신화에서나 나올 곳이 아닌 좀더 인간적인 곳으로 느껴졌다. 그게 이 책을 쓰게 된 계기가 됐다.

≪내 아이에게 하버드를 선물하라≫는 하버드에 입학하는 '노하우'를 알려주는 가이드북이 아니다. 각기 전혀 다른 길을 통해 하버드에 도달한 학생들과 졸업생들의 진솔한 이야기를 담은 모음집이다. '비밀 공식'이 있다는 생각을 깨부수고, 성공이란 것이 얼마나 엉망진창에 아름답도록 다양한지 보여주고자 한다.

이 책에 등장하는 하버드 학생과 졸업생 20명을 인터뷰하기 시작했을 때, 지름길이나 요령을 찾으려던 게 아니었다. 그들의 스토리를 알고 싶었다. 무엇이 그들을 만들었는지, 무엇이 그들을 움직이게 했는지, 그리고 그 과정에서 무엇을 배웠는지 말이다. 그들의 공통점과 차이점이 궁금했다. 그들이 걸어온 길은 모두 독특했지만, 몇 가지 공통된 주제가 계속 나타났다. 끈기, 호기심, 회복탄력성, 그리고 불완전함을 받아들이는 용기였다.

이 책은 큰 꿈을 좇는 데 필요한 것이 무엇인지 궁금한 사람들을 위한 책이다. 학생들에게는 성공에는 '정답'이 없으며, 자신만의 독특함과 어려움이 가장 큰 강점이 될 수 있다는 사실을 상기시키고자 한다. 부모들에게는 자녀의 길을 통제하려 하지 않으면서 지원할 수 있는 방법을 보여주는 창이 되고자 한다.

이 책에 담긴 학생들의 스토리는 모두 다르지만, 이들의 여정에서 공통된 패턴들을 발견하기 시작했다. 마법 같은 비법이나 불가능한 기준이 아니었다. 누구나 배울 수 있는 단순하지만 강력한 특성들이었다.

진정한 관심사

이 학생들은 하버드가 원하는 사람이 되려고 노력하지 않았다. 대신 자신이 진정으로 사랑하는 것에 몰두했다. 음악 작곡, 로봇 제작, 농구와 같은 활동들 말이다. 이들의 열정은 항상 전형적이거나 '대단해 보이는' 것은 아니었지만, 진심이었고 덕분에 이 학생들을 돋보이게 했다.

지원 시스템

모든 성공 스토리 뒤에는 지원 네트워크가 있었다. 그건 어떤 이들에게는 큰 꿈을 꾸도록 격려한 부모였고, 또 다른 이들에게는 자신도 믿지 못할 때 믿어준 선생님, 코치, 멘토였다. 가장 중요한 것은 그들이 얼마나 많은 지원을 받았느냐가 아니라, 필요할 때 의지할 수 있었다는 점이었다.

스토리의 힘

각각의 스토리는 성공은 완벽함이 아니라 끈기라는 것을 상기시켜 준다. 농구에 대한 사랑을 기술 분야의 경력으로 바꾼 데이비드부터 자신의 열정이 진심인지 고민한 후 연극에서 자신의 목소리를 찾은 줄리아까지, 이이야기들은 정답인 길은 하나도 없음을 보여준다. 성공은 혼란스럽고, 예측할 수 없으며, 지극히 개인적인 것이다.

이 책을 읽으면서, 이 스토리들이 여러분 자신의 여정을 받아들이는 데 영감을 주길 바란다. 여러분이 가능성을 꿈꾸는 학생이든, 자녀를 지원하려는 부모이든, 성공에는 단 하나의 공식만 있는 것이 아니라는 것을 기억하길 바란다. 가장 중요한 것은 꾸준히 노력하고, 시도하며, 스스로에게 진실하게 행동하는 것이다.

하버드는 마치 완전히 다른 세계처럼 느껴질 수도 있지만, 그 본질은 바로 사람이다. 나와 여러분처럼 희망과 의심, 그리고 꿈을 가진 사람들이 모여 있는 곳이다.
이 책이 여러분에게, 여러분의 스토리도 이 책 속의 어떤 스토리만큼이나 소중하다는 것을 상기시켜 주길 바란다. 누가 알까? 언젠가 자신의 스토리가 누군가에게 영감을 줄 날이 올지도 모른다.

목차

예체능

인문학

기술·과학

대학원생

1장

예체능

보컬리스트 & 버블티 소녀

시드니 페니

시드니는 어린 시절부터 음악을 정말 사랑했고 심포니 홀에서 공연할 정도로 실력이 뛰어났다. 그녀에게 음악은 자신만 즐거운 일이 아닌 소통의 수단이기도 했다. 자폐증이 있는 동생도 음악을 즐길 수 있도록 특별 지원 음악 프로그램을 기획할 정도로 그 열정이 대단했다. 한편으로는 의식을 치르듯 매일 버블티 당도 70%를 고집하고 숫자 8에 대한 미신이 있는 독특한 아이였다. 시드니는 음악을 배우기 가장 적합한 대학을 찾다가 여러 사람의 조언을 받아 하버드를 골랐다. 하버드에서 그녀는 음악만이 아닌 다양한 학문을 자유롭게 배웠고, 하버드 교육에서 가장 가치 있는 점으로 뽑았다.

1. 당도 70%의 버블티를 늘 주문하고 숫자 8이 중요하다고 외치는 자녀가 있다면 자녀의 그런 개성과 독특함을 한껏 지지해 주세요.

2. 음악에 뛰어난 재능을 보이는 자녀가 있다면, 음악을 해서 돈을 많이 벌어오길 바라기보다는 그 재능을 타인을 위해 썼을 때 칭찬을 아끼지 말아 주세요.

Q. 고향은 어디고 어떤 학교를 다녔나요?

시드니 페니_ 미국 매사추세츠주 니드햄에서 자랐어요. 니드햄 고등학교를 졸업했고요. 하버드에서는 비교문학 및 독일어를 전공했고 2022년 졸업반이에요.

Q. 나만의 특이한 점은 무엇인가요? 나만의 독특한 개성은 뭐라고 생각하나요?

시드니 페니_ 저는 숫자 8에 대한 미신을 가지고 있어요. 연속되는 숫자가 8에 도달하지 않으면 불길하다고 느껴요. 예를 들어, 여섯 개의 느낌표를 연달아 입력하면 강박적으로 여덟 개로 만들어야 하죠. 혹은 뭔가 하나를 7년 동안 했다? 그럼 멈출 수가 없어요. 1년을 더 해야죠. 또 특이한 점이 있는데요, 버블티를 주문할 때 우롱차를 70% 당도로, 얼음은 적게 해서 마셔야 한다는 거예요. 그냥 그렇게 해야 해요. 70% 당도, 그리고 적은 얼음. 항상 그래야죠.

Q. 어린 시절 어떤 아이였나요? 어릴 적 관심사는 뭔가요?

시드니 페니_ 어렸을 때 저는 아무 걱정 없고 인생을 사랑하며 주변의 모든 걸 궁금해하는 호기심 많은 아이였어요. 모든 상황을 긍정적으로, 또 재미있는 측면을 보려고 노력해서 평범한 것도 특별하게 만들었죠. 세월이 지나 학교와 제가 좋아하는 일들을 대할 때도 이런 방식이 이어졌어요. 세 살 때 일이 아직도 기억나요. 언니, 오빠들이 학교에 간 사이 집 밖에서 다람쥐들과 진지한 대화를 나누며 엄청 신나는 하루를 보냈어요.

어렸을 때부터 가족들은 뭘 하든 제 등을 떠민 적이 없어요. 대신 부모님은 제가 무엇에 자연스럽게 끌리는지 보고 제 관심사를 전폭적으로 지원해 주셨어요. 제 관심사는 노래와 음악이었고, 가족 중에는 음악가나 가수가 없었는데도요. (아빠는 MIT 출신이세요.) 부모님 말이 제가 세 살 때 라디오에서 들은 멜로디를 듣고 혼자서 피아노로 그대로 연주했대요. 피아노는 한 번도 배운 적이 없었는데 말이죠. 믿기지 않겠지만 나중에 절대 음감이 있다는 사실을 알게 되면서 훨씬 더 이해가 됐죠.

Q. 하버드에 진학할 때 부모님은 얼마나 관여했나요? 어떻게 도우셨나요?

시드니 페니_ 집 뒷마당이 하버드였어요. 우리 가족은 디자인 센터 근처 하버드 스퀘어에서 피크닉을 즐겼어요. 저더러 언젠가 하버드에 가야 한다고 강요한 사람은 없었지만, 매일 하버드 캠퍼스를 봤기 때문에 마음 한구석에 늘 하버드가 있었죠. 열두세 살 정도였을 때 처음으로 대학 이야기가 나왔어요.

저희 부모님은 헬리콥터 부모는 아니셨어요. 제가 영어에세이

5,000자를 다 채웠는지, 과제를 잘했는지 확인하지 않으셨죠. 그런 잔소리에 엄청 스트레스를 받는 걸 아셨거든요. 대신 적절한 과외 선생님을 찾아 주셨고, 에세이가 잘 되어가는지, 도움이 필요한지 물어보며 학업을 지원해 주셨죠. 하버드에 지원할 때도 엄마는 항상 아래층에 있으니 에세이를 교정하거나 조언이 필요하면 언제라도 부르라고 하셨어요. 이미 학업에서는 제가 제 자신을 몰아치는 중이었기 때문에 부모님이 공부하라고 등 떠밀거나 성적표를 확인할 필요는 없었을 거예요.

Q. 하버드를 준비하면서 가장 기억에 남는 일은 무엇이고, 뜻밖의 경험은 무엇이었나요?

시드니 페니_ 하버드가 제 관심사에 적합한 곳인지 확인하고 싶었어요. 노래를 계속하고 싶었는데 그러기에 하버드가 가장 좋은 곳인지 확신이 서지 않았거든요. 하버드를 졸업한 오페라 가수들을 찾아보았는데, 저도 아는 유명한 이름들이 많이 나왔어요. 그중 LA 오페라 극단과 메트로폴리탄 오페라 극단에 있는 리브 레드패스도 있었어요. 저는 용기를 내어 페이스북으로 메시지를 보냈어요. "안녕하세요! 저는 고등학교 2학년인데, 하버드에서 가수로서의 경험에 대해 얘기해 주시면 감사하겠습니다!"라고요. 답변은 전혀 기대하지 않았지만, 며칠 후 뭐든지 물어보라는 답장이 왔어요. 간절히 원하면 영감과 도움을 줄 사람을 찾을 수 있다는 걸 확인한 경험이었어요. 목표를 이루는 데 조금이라도 도움을 받을 수 있다면 그저 물어보는 것조차 큰 가치가 있어요.

Q. 후배들을 위해 공부 팁을 준다면?

시드니 페니 실용적인 팁이 몇 가지 있어요. 첫 번째는 타이머를 설정하는 거예요. 저는 집중력이 좋지 않은데, 타이머는 고등학교 때 큰 도움이 됐어요. 40분 공부하고, 20분 휴식하도록 타이머를 설정했죠. 목표한 내용을 이해할 때까지 계속 반복했어요. 두 번째로 중요한 팁은 항상 맛있는 간식을 가까이에 두는 거죠. 저는 과일, 치즈와 크래커, 차를 먹었어요. 개념, 숫자, 정보를 흡수하려면 에너지를 많이 소모해야 했기 때문에 좋아하는 간식을 가까이에 두고 먹으면서 기운을 차렸어요.

돌이켜 보면 애초에 잘하지 못하는 과목 때문에 자신을 너무 몰아붙이지 않았다면 더 좋았을 거예요. 수학이 그런 과목 중 하나였는데, 방과후에 수학 선생님과 함께 한두 시간씩 남아서 개념을 이해할 때까지 공부하곤 했어요. 매번 반 친구들만큼 개념을 빨리 이해하지 못한다고 자신을 탓했거든요. 제 강점에 자신감을 갖기보다, 한동안은 시간이 더 많이 필요한 과목을 생각하며 자신을 너무 몰아붙였어요.

Q. 하버드에 입학할 수 있었던 나만의 'X요소'는 무엇일까요?

시드니 페니 고등학교 때 오페라/클래식 성악 대회에 자주 참가했고, 지역 및 전국 대회에서 입상도 했어요. 또 전문적으로 연기도 했는데, 가끔은 촬영 때문에 수업이 다 끝나기도 전에 하교했지만 여전히 좋은 성적을 유지했어요. 제가 하버드에 입학할 수 있었던 이유는, 저의 이런 관심사를 어떻게 전공에 적용하고 확장했느냐에 있었다고 생각해요.

제게는 자폐증을 가진 형제가 있는데 제 무대를 볼 수도 없었죠. 그 점이 항상 저를 슬프게 했어요. 우리 학교에는 특별 지원 프로그램이 있었어요. 저는 특별한 도움이 필요한 사람들이 예술에 더 쉽게 접근할 수 있도록 노력했어요. 입시 면접에서 예술의 접근성을 어떻게 달성했는지 이야기했는데, 입시 사정관에게 제 경험이 독특하게 다가간 것 같아요. 저는 수학 올림피아드 대회나 일반적인 '우등생' 활동에 참여하기보다는, 제가 관심 있는 분야에만 집중하고 제 열정을 통해 지역 사회에 영향을 미치기 위해 노력했어요.

Q. 하버드에서 힘들었던 점이 있다면?

시드니 페니_ 처음에는 어려움이 많았어요. 가장 큰 건 남들과 자신을 비교하는 마음과 불안감이었어요. 고등학교를 수석 졸업한 사람들 사이에 던져졌으니까요. 게다가 전 분명히 인문학을 전공하고 있었는데도 이과(STEM) 과목을 공부하는 학생들과 제 자신을 비교하기 시작했어요. 제 친구 여섯 명 중에 다섯 명이 의대 준비생, 공학도, 컴퓨터 과학 천재예요. 저 혼자 인문학 전공자이다 보니까 항상 친구들이 얘기하는 개념, 용어, 생각을 따라가기 힘들었어요. 다들 어려운 수학 수업을 듣고 있었고, 저는 반대편에서 리포트를 쓰고 있었죠. 그저 서로 다른 공부였는데도 제가 이과 전공이 아니다 보니 친구들보다 머리가 나쁜 건 아닌지 의문이 들기도 했어요. 이제는 제가 친구들과 다른 길을 걷고 있을 뿐이라는 사실을 깨달았어요.

Q. 하버드 교육의 가장 훌륭한 가치는 무엇이라고 생각하나요?

시드니 페니_ 배움의 다양성이요. 하버드와 런던음악원 중 어디를 갈까 고민했었는데, 음악원에 갔다면 오로지 공연을 위한 과정을 밟았을 거예요. 하버드를 선택해서 정말 다행이에요. 배울 수 있는 주제의 폭이 놀랍도록 넓거든요. 한 학기 내내 아침을 천문학 수업으로 시작해서 일본어 수업을 듣고 영화와 애니메이션 수업으로 하루를 마무리할 수 있을 정도죠. 마치 어린 시절의 제 모습과도 연관되는 거 같아요. 그저 배우는 모든 게 좋았고 여전히 그런 면에서 어린 시절과 똑같은 아이인 거 같아요.

Q. 현재 하는 일과 앞으로의 계획은요?

시드니 페니_ 현재 코로나19 때문에 오스트리아 빈에 있는 독일 연구소에서 원격 인턴십을 하고 있어요. 연구소 창립자와 함께 비즈니스 모델, 홍보, 다양한 대상 청중 찾기 작업을 하고 있죠. 창립자분은 제 의견을 듣는 것을 좋아하시는데 제가 독일어를 공부하는 대학생이기 때문이죠. 인턴십 외에도 많은 노래 가사를 쓰고 있고, 녹음해서 오디션에 제출하고 있어요. 그중 하나가 붙어서 다음 주 주말에 매사추세츠에 있는 탱글우드 연구소에서 공연할 예정이에요. 지금은 그 준비를 하고 있고요. 하버드를 졸업한 후에는 유럽의 음악원에서 오페라 공연으로 대학원 학위를 취득할 계획이에요. 계획대로 된다면 독일어로 오페라를 쓰는 등 제 열정을 한데 모은 예술 분야에서 일할 수 있겠죠. 독일 오페라 하우스에서 꼭 일하고 싶어요.

과외 활동 및 수상 경력

- 전국 클래식 가수 대회 준결승 진출자 (전국 상위 30위)
- Fidelity 젊은 예술가 대회 (심포니홀에서 솔로 공연)
- NATS 보스턴 클래식 가수 대회 1위
- 주 전역/전국 합창단
- 영화/연극
- 특별 필요 음악 프로그램 창립자

극작가 & 가수

줄리아 류

줄리아는 어린 시절부터 음악과 연극을 좋아했지만, 하버드 대학 신입생 시절 정체성이 흔들리는 사건을 겪게 되고 의대 준비생(Pre-Med)으로 전과하게 됐다. 그러다 친구들과 아시아 학생 예술 프로젝트(Asian Student Arts Project)를 창립하고 직접 쓴 뮤지컬이 큰 성공을 거두며, 줄리아는 연극과 스토리텔링에 대한 사랑과 예술가로서의 정체성을 되찾았다. 친구들을 통해 방황을 극복한 줄리아는 하버드에서 만난 사람들을 하버드 교육의 가장 가치 있는 점이라고 봤다.

부모님들이 기억할 포인트

1. 자녀가 평생을 좇던 음악과 연극을 포기하고 의대를 지원하거나 기술을 배우려 할 수 있습니다. 남들이 보기엔 좋은 직업일지 몰라도 꿈꾸던 연극 일을 다시 한 번 생각해 보라고 조언할 수 있는 부모가 되어 주세요.

2. 99%의 주변 사람들이 의대생이 맞다고 하더라도 흔들리지 않을 용기를 심어 주세요. 그리고 만약 흔들리더라도 몇 개월이든 몇 년이 됐든 자녀 스스로가 방향을 정할 수 있는 시간을 충분히 주세요.

Q. 고향은 어디고 어떤 학교에 다녔나요?

줄리아 류_ 미국 미주리주 세인트루이스요. 고등학교는 존 버로우스 학교를 졸업했죠. 하버드에서는 연극, 무용, 미디어(TDM) 및 음악 전공이고 2022년 졸업반이에요.

Q. 나만의 특이한 점은 무엇인가요? 나만의 독특한 개성은 뭐라고 생각하나요?

줄리아 류_ 어디를 가든 항상 노래를 불러요. 늘 뭔가를 하려고 하고 가만히 앉아 있지 못해요.

Q. 어렸을 때는 어떤 아이였나요? 어릴 적 관심사는 뭔가요?

줄리아 류_ 어릴 때 매우 활동적인 아이였기 때문에 항상 제 관심사를 주변 사람들과 공유했어요. 초등학교 운동장에서 진흙 케이크를 굽고 나무로 만든 성을 몇 번 짓고 나면, 언제나 제가 가장 좋아하는 연극 놀이로 넘어갔죠. 제가 만들고 연출한 연극에 친구들에게 역할을 주고 선생님들께 보여드렸어요. 오빠가 둘 있는데 음악적 재능이 뛰어났죠. 오빠들한테 영향을 받아서 저도 음악에 빠져들었고, 아홉 살 때부터 자작곡을 만들기 시작했어요. 그 이후로는 한번도 멈춘 적이 없어요.

Q. 하버드에 진학할 때 부모님은 얼마나 관여했나요? 어떻게 도우셨나요?

줄리아 류_ 부모님은 저에게 최고의 롤모델이에요. 부모님 없이는 지금 이 자리에 없었을 거예요. 엄마는 뭔가 해보라고 강요한 적이 없어요. 대신 가능한 많은 취미 활동을 해보라고 격려해 주셨고, 그 덕분에 저는 음악가 겸 운동선수가 됐죠. 엄마는 두 아들과 딸이 '피아노 트리오'를 만든 것을 너무 좋아하셨어요. 덕분에 집은 열정으로 가득했어요. 엄마가 그런 가정환경을 만들어 주신 덕분이라고 생각해요.

어릴 때 엄마는 지역에 있는 문해력 프로그램에서 자원봉사를 하셨어요. 저도 기꺼이 엄마와 함께 가서 아이들을 위해 바이올린을 연주하고, 책을 읽어줬고요. 나중엔 그 프로그램의 주니어 위원회를 시작했죠. 하버드 지원서를 준비하는 과정에서 부모님은 최고의 지지자였어요.

아빠는 외과 의사셨기 때문에 낮에는 집에 안 계셨지만, 매일 저녁 멋진 이야기를 들려주셨고 저와 오빠들이 좋아하는 일을 하도록 격려해 주셨어요. 제가 바이올린 연습을 할 때는 엄마가 옆에 앉아 계셨어요. 실수할 때마다 열심히 도와주셨던 기억이 나요. 그건 지금까지 지키는 저만의 규칙과 습관을 기르는 데 큰 도움이 됐어요.

또 고등학교와 대학 지원서를 전략적으로 준비할 때도 엄마가 모든 과정에 함께해 주셨어요. 가능한 한 많은 도움을 주고자 노력하셨죠. 아래층에서 엄마가 제 이름을 부를 때마다 이런 생각이 들었어요. 제가 도움이 필요할 때면 찾을 수 있는 엄마가 언제나 아래층에 계신다고요. 저는 정말 운이 좋았다고 생각해요. 부모님이 뭘 하라고 강요한 적도 없고, 오직 저 자신과 제 꿈을 믿도록 격려해 주셨거든요.

Q. 하버드를 준비하면서 가장 기억에 남는 일은 무엇이고, 뜻밖의 경험은 무엇이었나요?

줄리아 류_ 하버드에 가기 전 여름에 한국을 방문했어요. 7살 이후 처음이었어요. 이화여자대학교 여름 프로그램을 통해 하버드 신입생들을 많이 만났는데, 한번은 각자의 전공을 공유하는 시간이 있었어요. 제 차례가 됐을 때 음악과 연극을 공부할 것이라고 자랑스럽게 말했죠. 그때 한 사람이 '그걸로 뭘 할 거예요?'라고 물었어요. 무례하다기보다는 대단히 직설적인 질문이었죠. 그도 그럴 것이 대부분 생물학, 컴퓨터 과학, 물리학 등 이과 과목을 전공할 거라고 했거든요. 그때 꽤 놀랐어요. 그 사람 때문이 아니라 사람들이 제 열정을 의심할 거란 생각도, 그걸 변호해야 한다고 생각해 본 적도 없었기 때문이죠. 순간 의문이 들었죠. '내가 이상한가? 나는 쓸모없는 사람이 될까?' 그 만남이 끝난 후에도 여름 내내 그 생각이 머릿속을 맴돌았어요.

Q. **후배들을 위해 공부 팁을 준다면?**

줄리아 류_ 항상 일정을 앞서 나가세요. 어려운 작업을 하기 전에 가장 짧고 쉬운 작업을 먼저 처리해 시작부터 성취감을 느끼도록 하세요. 저는 어떤 과제든 최소 일주일 전에 시작해 미루지 않도록 노력했어요. 고등학교 때는 저도 일찍 포기하곤 했는데 진짜로 그러지 말았어야 했어요. 다른 사람들은 다 이해한 것 같은데 저만 그걸 이해하지 못하면 왜 그런지 고민하곤 했어요. 좀 더 인내심을 가지고 노력했어야 했는데 말이죠.

Q. **하버드에 입학할 수 있었던 나만의 'X요소'는 무엇일까요?**

줄리아 류_ 지원서에는 예술에 대한 제 열정을 고스란히 담았어요. 고등학교 때는 연극이나 작곡에 관심 있는 동양인 학생들이 많지 않았어요. 특히 제가 살던 미주리에서는 말이죠. 그럼에도 저는 아주 어린 나이부터 관심 분야를 공부했고 계속해서 노력했어요. 아홉 살 때 작곡을 시작했고 열두 살 때 작사도 시작했죠. 고등학교 때는 많은 작곡 대회에 참가해 수상했고 팝송 작곡에서도 상을 받았어요. 고등학교를 졸업할 때까지 50곡 이상을 만들었고 CD로도 녹음했죠. 고등학교 학생 연극 시연회에서는 제가 직접 쓰고, 작곡하고, 연출한 장편 뮤지컬을 선보였어요. 지원서에는 연극, 무용, 미디어를 전공으로 선택했고, 브로드웨이 뮤지컬 작가가 되고 싶은 꿈을 표현했어요. 하버드는 전반적으로 리더십을 가진 학생을 찾는다고 생각해요. 그래서 훌륭한 학교에 입학하려면, 먼저 열정을 가진 분야를 찾는 것이 중요하다고 말하고 싶어요. 그 다음 자신이 좋아하는 일을 하면서 어떻게 리더가 될 수 있을지 고민해 보세요.

Q. 하버드에서 힘들었던 점이 있다면?

줄리아 류_ 신입생으로 연극 전공을 시작했지만 제 동기 중에는 동양인 학생이 거의 없었어요. 제가 첫 번째 연극을 썼을 때 오디션에 온 사람 중 저처럼 생긴 사람은 한 명도 없었죠. 다시 의심이 생겼어요. 아마 적응하고 싶었기 때문인지 모르지만, 신입생 첫 학기 말에 의대 과정으로 전환했어요. 돌이켜 보면 음악과 연극에 그렇게 많은 시간을 바쳤는데, 조금 극단적이었을지도 모르겠네요. 의대 과정의 과학 과목을 들으면서도 자신을 속이고 있다는 사실은 알고 있었어요. 제게 필요한 건 연극이었어요. 제 머리는 '합리적'이고 '안정적인' 전공을 추구하라고 말했지만요. 2학년 여름이 되기 전에 연극과에서 유일한 다른 동양인 소녀인 클로이와 정말 친해졌고, 다른 친구인 에릭과 함께 셋이서 <동양인 학생 예술 프로젝트>를 만들었어요. 이 조직에서 나온 첫 번째 프로젝트가 제 진로를 다시 바꿨죠. 저는 《이스트 사이드》(The East Side)라는 뮤지컬을 쓰는 데 참여했어요. 라이언이라는 소년이 뉴욕시의 부촌인 '어퍼 웨스트 사이드'에 사는 소녀에게 반하는 이야기인데, 문화적 정체성과 젠트리피케이션을 담고 있었어요. 줄거리에 저 자신을 담을 수 있는 이야기를 만드는 것이 중요하다고 생각했어요.

《이스트 사이드》는 다섯 번 공연을 했는데 모두 매진됐어요. 소셜 미디어로 메시지를 계속 받았는데, 동양인 학생뿐만 아니라 다른 문화권의 학생들도 제 연극에 많이 공감했고 등장인물에 자신을 비춰볼 수 있었다고 했어요.

얼마 지나지 않아 미국 레퍼토리 극장에서 뮤지컬을 써달라는 의뢰를 받았어요. 그 후 저는 의대 과정을 포기하고 다시 연극 전공으로 돌아갔죠. 제 열정이 다른 사람들의 열정만큼 뛰어나지도, 유익하지 않다고 스스로 설득하게 될 줄은 몰랐어요. 제 창작물이 사람들에게 감동을 주고 긍정적인 반응을 이끌어낸 걸 본 뒤, 다른 사람들이 뭐라고 하든 내가 정말 사랑하는 일로 긍정적인 변화를 만들 수 있다는 것을 알게 됐어요.

Q. 하버드 교육의 가장 훌륭한 가치는 무엇이라고 생각하나요?

줄리아 류_ 하버드에서 만난 사람들이죠. 제가 참여한 모든 수업과 사교 행사에서 놀라운 사람을 정말 많이 만났어요. 그 사람들의 열정과 재능은 이루 말할 수 없을 정도였고요. 문화적 다양성이 풍부한 학생들에 정말 감사하고 있어요. 사람들은 서로에게서 많은 것을 배울 수 있거든요. 하버드 교수님을 포함해서요. 교수님들은 각 분야와 과목의 최고 전문가고 학생들을 최대한 돕고자 해요. 상담 시간에 교수님을 찾아가면 가끔은 수업과 일상적인 주제로도 한 시간 넘게 이야기를 나누곤 했어요. 제 가족, 대학 친구들, 교수님들의 지속적인 지원 덕분에 지금까지 하버드에서의 모든 경험이 정말 놀라울 따름이에요.

Q. 현재 하는 일과 앞으로의 계획은요?

줄리아 류_ 코로나19 때부터 졸업반이 시작될 때까지 집에서 일하고 있어요. 부업으로 대학 입학 도우미 회사에서 프리랜서 일을 하고, '일하는' 동안에는 졸업 논문을 쓰고 있죠. 또한, 친구가 쓴 〈In the Beginning〉이라는 연극을 '팝 록 뮤지컬'로 각색하고 있어요. 이브와 판도라의 이야기를 둘러싼 주제를 각색했어요. 이 프로젝트와 제가 예전에 쓴 연극을 제 웹사이트 juiliariew.com에서 확인할 수 있어요. 궁극적인 꿈은 뉴욕이나 뉴저지에 살면서 브로드웨이를 위한 뮤지컬을 쓰고, 가정을 꾸리는 거예요.

과외 활동

- 학교 오케스트라의 콘서트마스터
- 주 전역 오케스트라의 부콘서트마스터
- 세인트루이스 심포니 청소년 오케스트라의 바이올리니스트
- 고등학교 뮤지컬 주연
- 대학 테니스팀 주장
- 대학 테니스팀 4년 (두 번의 주 챔피언, 메트로 리그 챔피언)
- 스페인어 클럽 및 음악 어셈블리 클럽 회장
- 아치 시티 극단 (지역 극단) 음악 감독
- 바이올린 개인 교사
- 지역 문맹 퇴치 비영리 단체인 <레디 리더스>(Ready Readers) 청소년 위원회 설립/의장

수상 경력

- 미주리 대학교에서 개최된 창작 음악 프로젝트 고등부 1위 (2016)
- 벨빌 필하모닉 협회 조지 N. 튜어크 협주곡 경연대회 1위 (2016)
- 몬티첼로 칼리지 재단 장학금 수여, 웹스터 대학교 커뮤니티 음악 학교 (2015-2016)
- 미국 공연 예술 전국 대회 실내악 학생 부문 준결승 진출 (2015)
- 미국 작곡 대회 청소년 부문 결승 진출 (2015, 2016)
- 전국 청소년 작곡가 대회 2위, 웹스터 대학교 커뮤니티 음악 학교 (2015)
- 미주리 대학교 창작 음악 프로젝트 고등부 2위 (2015)
- 미주리주 (MSHAA) 독주 및 앙상블 경연 바이올린 우수 등급 I (2014 - 2016)
- 미주리 지역 (MSHSAA) 독주 및 앙상블 경연 바이올린 우수 등급 I (2014 - 2016)
- 웹스터 대학교 커뮤니티 음악 학교 바이올린 장학금 수여 (2013, 2014, 2015, 2016)
- 웹스터 대학교 커뮤니티 음악 학교 협주곡 경연대회 우승 (2013)
- 벨빌 필하모닉 협회 조지 N. 튜어크 협주곡 경연대회 1위 (2013)
- 라클리드 키즈 경연대회 앙상블 그룹 피아노 트리오 부문 우승 (2012)

2장

인문학

언어학자 & 펜싱 선수

카르멘 엔리케

다문화 가정에서 자란 카르멘은 여러 나라에서 살았고, 어디에도 속하지 않는 자신만의 개성을 자연스럽게 생각했다. 어린 시절부터 책을 많이 읽은 그녀는 고전학과 언어학 같은 학문이 '비주류'임을 개의치 않고 자신의 열정을 좇았다. 카르멘의 열정은 여기서 그치지 않고 펜싱에서도 빛을 발했다. 언어학과는 거리가 있어 보이는 운동은 오히려 그녀의 개성을 더욱 뚜렷하게 만들어줬다. 수준 높은 교육을 받고자 한 카르멘은 하버드를 선택했고, 하버드 학생에게 주어지는 인적·재정적 지원은 물론 각 분야 최고의 교수진과 전문가에게 배울 기회가 하버드 교육의 가장 가치 있는 점이라고 생각했다.

부모님들이 기억할 포인트

1. 아이는 부모의 거울이라는 말처럼 아이는 부모님이 하는 일을 곧잘 따라 한다고 해요. 자녀에게 책을 많이 읽히고 싶다면 어릴 때부터 같이 책을 읽으며 자연스럽게 독서 분위기를 조성해 주세요. 책 읽는 습관을 들이면 게임보다는 책을 더 선호하게 될 테니까요.

2. 자녀가 좋아하는 일이 고전학이나 언어학처럼 직업이 불투명한 분야일 때도 그 열정을 따라갈 수 있도록 지지해 주세요. 정말 좋아하고 열심히 하는 일이라면 앞길도 보일 것입니다.

Q. 고향은 어디고 어떤 학교에 다녔나요?

카르멘 엔리케_ 스페인에 있는 팔마데마요르카예요. 어린 시절은 스페인에서 보냈고, 고등학교는 미국에서 다녔어요. 캠브리지 린지 앤 라틴 학교였죠. 하버드에서 언어학 학사를 땄고 2021년에 졸업했어요.

Q. 나만의 특이한 점은 무엇인가요? 나만의 독특한 개성은 뭐라고 생각하나요?

카르멘 엔리케_ 아버지는 스페인인이고 어머니는 한국계 미국인인 다문화 가정에서 자라면서 세상을 보는 시야가 넓어졌고 웬만한 일에는 놀라지도 않아요. 저는 항상 새로운 것을 시도하고 새로운 곳을 여행하고 싶어 해요. 아프리카 근처 스페인 연안의 카나리아 제도는 제가 가장 좋아하는 곳 중 하나죠. 화산섬들은 자연의 보석과 같아요. 사람들과 대화하는 것도 좋아하고 항상 열린 마음을 유지하며 뭐든 너무 심각하게 받아들이지 않으려고 해요.

Q. 어렸을 때는 어떤 아이였나요? 어릴 적 관심사는 뭔가요?

카르멘 엔리케_ 스페인에서 자랄 때는 책벌레였어요. 엄마는 미국에 가면 여행 가방을 영어책으로 가득 채워 오셨죠. 그럼 전 그 책을 학교에 가서 책상 위에 올려놨어요. 그러다 선생님이 자리를 비우시거나 수업 사이에 시간이 생기면 가장 먼저 책을 집어 들고 읽기 시작했죠. 정말 재미있는 책을 읽고 있노라면 끝을 보지 않으면 책을 내려놓을 수가 없을 정도였어요. 학교 끝나고 집에 돌아오면 오후 내내 책을 읽었고, 며칠에 한 권씩 끝냈어요.

호기심도 많은 아이였어요. 상상의 세계부터 현재의 사건들에 이르기까지 모든 걸 배우고 싶어 했죠. 바깥세상에서 무슨 일이 일어나는지 항상 궁금해했어요. 부모님이 신문을 읽고 주요 뉴스를 알려주셨죠. 부모님 어깨너머로 신문을 같이 읽고 질문도 했어요. 부모님은 난민 위기나 전쟁과 같은 무겁고 어려운 주제도 여과 없이 그대로 이야기해 주셨고요.

Q. 하버드에 진학할 때 부모님은 얼마나 관여했나요? 어떻게 도우셨나요?

카르멘 엔리케_ 부모님은 항상 제가 흥미를 느낄 만한 교육환경을 마련하셨어요. 수많은 책과 세계 정세에 대한 대화도 그 일환이었죠. 부모님은 저를 성인으로 대해 주셨고, 부모님의 관심사를 저와 공유한 것뿐이지, 꼭 저를 하버드에 입학시키려고 그러진 않으셨어요. 고등학교 때부터 인문학에 깊은 관심을 갖기 시작했어요. 수준 높은 교수진과 학과가 있는 학교에서 공부하려면 명문 대학에 들어가야 한다는 사실을 깨달았죠. 그래서 하버드에 가고 싶다는 목표가 생겼어요. 부모님 두 분 다 대학 입시에 대해 많이 알지 못하셔서 저를 믿고 스스로 하도록 맡기셨죠. 저는 매우 신중하게 접근했고요.

하버드에는 조기 지원했어요. 입학이 제 주요 목표가 됐죠. 합격하면 그해의 나머지 시간을 걱정 없이 보내도 됐으니까요. 물론 부모님은 여전히 도와주고 싶어 하셨죠. 입시 에세이 소재를 브레인스토밍하는 데 부모님이 많은 도움을 주셨어요. 하지만 결국에는 부모님이 너무 깊이 관여하는 게 좋은 건 아니에요. 입시 자체가 이미 큰 스트레스인데 부모님이 SAT 교사, 에세이 코치, 대학 상담사 역할까지 한다면 집안 환경이 오히려 독이 될 수 있거든요. 누구나 긴 하루를 보내고 돌아와서 쉴 수 있는 편안한 공간이 필요한 법이니까요.

목표한 학교에 들어가기 위해 의욕적으로 움직여야 할 사람은 자기 자신이에요. 돌이켜 보면 부모님이 특정한 형태의 성공이나 성취를 강요하지 않았던 점에 감사하게 생각하고 있어요. 부모님은 저를 신뢰하고 존중하며, 제가 제 방식대로 성공할 수 있도록 해주셨거든요.

Q. 후배들을 위해 공부 팁을 준다면?

카르멘 엔리케_ 시간 관리가 중요하다는 생각을 평생 주입받다시피 했어요. 고등학교에 들어가서도 많은 학생이 여전히 그 의미를 잘 모르죠. 제 경우 형광펜을 그으며 일정을 계획하고 관리하는 일은 한번도 해본 적이 없었어요. 사람들은 일찍 시작하라고 하지만 저는 항상 구체적인 마감일이 있어야 시작할 수 있었어요. 꼭 '형광펜' 방식으로 계획을 세울 필요가 없다는 사실을, 모든 계획을 미리 세워야만 성공하고 높은 성취를 이룰 수 있는 것은 아니라는 사실을 깨닫기까지는 조금 시간이 걸렸죠. 각자한테 맞는 방식이면 충분해요.

프로젝트나 과제가 눈앞에 있을 때 중요한 건, 그걸 잘 마무리하는 거예요. 예상보다 오래 걸려도, 주기적인 휴식이 필요해도, 영감을 찾고 다시 돌아와야 해도 괜찮아요. 하버드 지원서를 작성할 때 많은 시간을 쏟아부었던 터라 입시 과정 전체에 스트레스를 많이 받았어요. 학교에서 돌아와 지원서의 다양한 부분을 작업했어요. 공통 지원서(Common App)의 세세한 사항 하나하나를 너무 여러 번 검토해서 언제 끝날지 알 수 없을 정도로 많은 시간을 할애했어요. 입시에 여러 번 도전하든, 시간이 오래 걸리든 자기 자신을 너무 몰아붙이진 마세요.

Q. 하버드 입학을 가능하게 한 당신의 'X 요소'는 무엇이라고 생각하나요?

카르멘 엔리케_ 저는 항상 독서, 글쓰기, 새 언어 배우길 좋아했기 때문에 고전 문학이나 언어학 같은 전공을 공부하고 싶었어요. 둘 다 인기가 없고 '쓸모없다' 혹은 '고루하다'라고 여겨지는 전공이죠. 하버드에서도 학생 대부분이 들어본 적도 없는 전공일 수 있지만, 하버드의 신성한 정문을 넘어서면 '고대 역사', '히브리어', '17세기 프랑스 철학'에 매진하는 놀라운 교수진과 학과가 있어요. 하버드는 다양한 학생들로 학교를 채우고자 해요. 하버드에는 골드만 삭스에 취직하거나 차기 미국 대통령이 될 학생들만 있는 게 아니죠. 제 'X' 요인은 고등학교 때 라틴어를 공부해서 좋은 성적을 거두고, 라틴어 선생님으로부터 강력한 추천서를 받은 거예요. 하버드는 제게 연구가 적은 분야에 대한 학구열이 있고 그 분야에서 잘할 수 있는 잠재력이 있다고 본 것 같아요.

Q. 하버드에서 힘들었던 점이 있다면?

카르멘 엔리케_ 하버드에만 있는 독특한 시스템인 '쇼핑 위크'가 있어요. 새 학기의 첫째 주 동안 학생들은 최종적으로 과목을 정하기 전에 아무 수업에나 들어가 청강할 수 있어요. 일본 영화학에서 양자 역학까지 상상할 수 있는 모든 수업을 선택할 수 있죠. 여기서는 'FOMO' (놓칠까 봐 두려움)라는 용어가 적절한 것 같네요. 처음부터 제대로 된 과목을 제대로 정하려고 스트레스를 많이 받았어요. 하버드가 과목 선택과 전공 필수 사항 측면에서 많은 유연성을 제공함에도 불구하고, 저는 이 시스템을 제대로 이용하거나 이점을 얻지 못했다고 느꼈어요. 현재는 코로나19로 인해 (스페인에서) 온라인으로 학업을 계속하고 있지만, 벌써부터 과목 선택이 좀 더 어려워질 거란 사실이 눈에 보이네요.

Q. 하버드 교육의 가장 훌륭한 가치는 무엇이라고 생각하나요?

카르멘 엔리케_ 하버드 합격 통지서를 받았을 때 엄마는 매우 기뻐하셨지만, 아빠는 재정 지원 안내서를 보고 더 기뻐하셨죠. 부모님은 돈에 대해 매우 솔직하셨고 미국 대학 교육비도 현실적으로 말씀하셨어요. 유럽의 관점에서는 학자금 대출은 낯선 일이에요. 그러니 재정 지원에 기대야 했죠. 명문 대학이 투자를 가장 많이 받는 학교라는 사실도, 저소득층과 중산층 학생들을 위해 가장 많은 재정 지원과 장학금 기회를 제공한다는 사실도 생각보다 많은 학생이 깨닫지 못하고 있어요. 금전적인 부분만 있는 건 아니에요. 하버드 학생이라는 사실만으로 이미 꿈도 꾸지 못할 기회를 얻었죠. 굉장한 교수진과 다양한 수업 외에도 하버드는 엄청난 여행 장학금과 다양한 보조금을 제공하거든요. 어느 해에는 연구 프로젝트와 다양한 인턴십을 위해 멕시코와 도미니카 공화국을 3주간 다녀왔어요. 그것도 전액 지원으로 말이에요. 이번 봄 방학에는 브라질에서 전액 지원 인턴십을 완료할 예정이었지만 코로나19 때문에 원격으로 변경됐어요. 에콰도르에도 갈 예정이었어요. 놀라운 점이 하나 더 있는데, 하버드 교수들은 전 세계의 연구진과 잘 알고 있다는 거예요. 논문을 공동 집필하거나 학회를 통해 알게 된 사람들이 많죠. 그러니까 특정 국가의 교수님과 연구를 하고 싶다면, 그 교수님께 여러 유용한 자원을 얻을 수 있는 거죠. 하버드에서 얻을 수 있는 국제적인 협력 관계는 대부분의 대학과는 비교할 수 없을 정도예요.

Q. 현재 하는 일과 앞으로의 계획은요?

카르멘 엔리케_ 지금은 가상 인턴십을 하고 있어요. 비록 브라질에 직접 가서 인턴십을 진행할 예정이었고 남미에 처음 가는 거라 기대했는데 그러지 못해서 다소 실망스럽지만 괜찮아요. 여전히 포르투갈어를 연습하고 현지 사람들과 안면을 틀 기회가 있으니까요. 반면 코로나19로 인해 깨달은 점도 있어요. 여행이 실제로 환경에 매우 나쁘다는 사실이죠. 물론 사람들이 여행하고 이동할 필요가 있지만, 모든 여행이 취소된 가운데 제가 원하던 많은 여행이 실제로는 '필수적'이지 않았다는 것을 깨닫게 됐어요. 코로나19 덕에 사람들이 필수적인 것과 그렇지 않은 것을 이해하고 구분하게 됐죠. 항상 다음 여행, 다음 인턴십, 또는 다음 큰일에 대해 생각하는 대신 고향을 소중히 여기고, 현재의 위치에 행복해하는 것도 분명 가치 있는 일이에요. 가족과 제 뿌리로 돌아오는 일 같은 제 삶의 즉각적인 면을 소중히 여기는 법을 배웠죠.

과외 활동 및 수상 경력

- 조정
- 펜싱
- 라틴어 동아리
- 전국 우등생 협회(Honors Society)

임파워먼트 전도사 & 책벌레

앤젤라 리

어릴 때부터 책과 함께한 앤젤라는 도서관을 가장 좋아하는 아이였다. 책을 읽다 보면 자연스럽게 세상이 더 알고 싶어졌고, 특히 역사와 젠더 문제에 관심이 많아졌다. 그녀는 중학생 소녀들의 리더십을 키우는 비영리 단체 '슈퍼걸즈(Super Girls)'를 창립하고, 소년원에서 창의적 글쓰기 워크숍을 운영했으며, 국제 앰네스티 지부를 세워 기관 수준의 지원을 받는 학생 운동과 사회 활동을 병행했다. 하버드는 앤젤라가 사회문제 해결에 진심을 다하는 모습 보고 그녀를 선택했다. 앤젤라는 하버드에서 만나는 다양한 배경의 사람들을 통해 많이 배웠고 이 점을 하버드 교육에서 가장 가치 있는 점으로 뽑았다.

부모님들이 기억할 포인트

1. 아이의 관심사가 단순한 취미로 보일지라도, 그 안에서 배우는 것이 있을지 모릅니다. 역사를 좋아하는 아이가 단순히 소설을 읽는다고 여겨질 수 있지만, 그것이 결국 사회적 문제를 탐구하는 출발점이 될 수도 있습니다.

2. 봉사 점수 때문에 하는 봉사 대신 배운 것을 실천할 기회로 활용하게 도와주세요. 책을 많이 보고 글쓰기에 재능이 있다면 좀 더 어린 아이들에게 글쓰기 수업을 도와주는 봉사활동을 할 수 있겠죠. 이런 봉사활동은 남에게 도움을 줄 수도 있지만 스스로 배운 걸 활용하는 데서 더 큰 성취감을 느낄 수도 있을 겁니다.

Q. 고향은 어디고 어떤 학교에 다녔나요?

앤젤라 리_ 미국 캘리포니아주 오렌지 카운티에서 자랐어요. 고등
학교는 사이프러스 고등학교를 나왔고, 하버드에서 사회학을 전
공했고 2020년에 졸업했어요.

**Q. 나만의 특이한 점은 무엇인가요? 나만의 독특한 개성은 뭐라고 생
각하나요?**

앤젤라 리_ 저는 어디서든 나만의 공간을 개척하고 싶어 하는 사람
이에요. 지금은 유튜브 플랫폼에서 학문의 새로운 지평을 열 방법
에 관심이 있어요.

Q. 어렸을 때는 어떤 아이였나요? 어릴 적 관심사는 뭔가요?

앤젤라 리_ 한마디로 '책벌레'였어요. 지금도 마찬가지예요. 책을 너
무 많이 읽어서 눈이 나빠진 거 같아요. 안경을 쓰거든요. 다른 아
이들은 놀이공원이나 장난감 가게를 좋아한다고 꼽는데, 저는 항
상 세상에서 가장 좋아하는 곳을 도서관이라고 말하곤 했어요. 매
일 최대한 많은 책을 대출하곤 했어요. 종류는 중요하지 않았어
요. 단편 소설, 논픽션, 소설 등 손에 닿는 모든 것을 읽었죠.

가장 좋아하는 책을 꼽자면 제가 사는 세상과는 다른 시대와 문화를 배경으로 한 소설이에요. 고등학교 때는 직접 단편 역사 소설을 써보기도 했고요. 저녁 식사 때 너무 많은 책을 가져온다고 엄마한테 야단맞은 적도 많아요. 다른 엄마들은 아이들에게 책을 읽히느라 애쓴다는데 저희 엄마는 완전 반대로 책을 못 읽게 하느라 고생하셨어요.

아주 어렸을 때는 《매직 트리 하우스》 시리즈를 좋아했어요. 《로열 다이어리》 시리즈를 발견하기 전까지는 그랬죠. 다양한 문화권과 시대에 존재한 유명한 여왕이나 공주에 대한 이야기가 실려 있는 시리즈예요. 미국에서 자라느라 한국 역사를 거의 접하지 못했어요. 덕분에 이 책은 저 자신의 뿌리와 문화에 관심을 가질 좋은 기회가 됐죠. 사회학과 성별 연구를 전공하게 된 계기도 역시 독서 습관 때문이었어요. 그건 온종일 책에 눈을 붙이고 있었다는 뜻이기도 하죠. 가장 좋아하는 책을 고르기는 정말 어렵지만 이민진 작가의 《파친코》를 정말 재밌게 읽었어요.

Q. 하버드에 진학할 때 부모님은 얼마나 관여했나요? 어떻게 도우셨나요?

앤젤라 리_ 전 아빠의 인생 슬로건인 '우수함의 차이'에 너무 익숙해져 있었어요. 아빠는 고등학교 생활을 즐기되 자신의 기대치보다 2% 더 열심히 노력하라고 항상 말씀하셨죠. 그 작은 2%의 차이가 중요하다고, 주변 사람들보다 조금 더 노력해야 앞서 나가게 된다고 하셨어요. 아빠의 긍정적인 격려와 믿음은 제가 지금도 유지하고 있는 근면한 작업 윤리를 기르는 데 큰 도움이 됐어요.

그뿐만이 아니에요. 저는 정말 운이 좋았어요. 제가 하고 싶은 일에 깊은 관심을 가져주시고 모든 투자를 아끼지 않는 부모님을 만나서요. 고등학교 때는 매년 UC 버클리에서 토너먼트에 참가했는데, 아빠가 자진해서 L.A.에서 버클리까지 우리 학교 동아리 팀 전체를 차로 데려다 주셨어요. 차가 안 막혀도 대략 8시간은 걸리는 거리였죠. 하버드를 준비하는 과정에서는 아무도 저에게 하버드에 지원하라고 강요하거나 압박하지 않았고요.

부모님도 기대를 많이 하셨지만, 제 능력의 한계 또한 알고 계셨어요. 원하는 대로 일이 풀리지 않을 때 가장 실망하는 사람은 저였거든요. 부모님은 저를 격려해 주기만 하시고 다음에 더 잘할 수 있다고 하셨죠. 제가 고등학교 신입생일 때 엄마가 하버드에 입학한 선배를 소개해 주셨어요. 우리 학교 토론 팀의 주장인 여학생이었죠. 대화해보니 서로 공통점이 많았고 저에게 큰 동기부여가 됐어요. 갑자기 하버드는 제 꿈의 학교가 돼버렸고, 선배가 입학할 수 있으면 저도 기회가 있을 것이라고 믿게 됐어요. 부모님은 제가 꿈을 이룰 수 있도록 많은 노력을 기울이셨고, 덕분에 고등학교에서 든든한 지원 및 멘토 시스템을 구축할 수 있었어요.

Q. 하버드를 준비하면서 가장 기억에 남는 일은 무엇이고, 뜻밖의 경험은 무엇이었나요?

앤젤라 리_ 고등학교 때 만든 비영리 단체인 슈퍼걸즈(Super Girls)를 정말 자랑스럽게 생각해요. 중학생 소녀들을 위한 임파워먼트 단체로, 자신이 속한 공동체의 리더가 될 수 있도록 돕는 단체죠. 많은 연구에 따르면 특히 중학교에서 여학생들이 성 역할 기대 때문에 자신감을 잃는 경우가 많다고 해요. 그래서 저희는 지역 중학교를 대상으로 일련의 리더십 행사를 개최했고, 초등학생들을 위한 유사 프로그램까지 만들었어요! 팀워크를 기를 수 있는 워크샵을 많이 열었는데, 아이들이 즐거운 시간을 보내며 경험을 통해 많은 것을 배우는 모습을 보는 건 정말 즐거웠어요. 지역 사회의 청소년들에게 긍정적인 영향을 줄 방법을 찾으려고 항상 노력했어요.

고등학교 2학년 때는 소년원에 있는 제 또래 아이들을 돕는 프로그램의 일환으로 창의적 글쓰기 워크샵을 주관하겠다고 자원했어요. 이걸 하면서 청소년들이 교도소 시스템 때문에 어떤 부정적인 영향을 받는지, 특히 자원과 기회의 부족으로 긍정적으로 변화할 기회가 부족하다는 점을 이해하게 됐어요. 당시 학교 토론 팀의 주장이기도 했지만, 지역 사회에 더 큰 영향을 주는 일을 하고 싶었어요. 해답은 직접 동아리를 시작하는 거였죠. 학교에 이미 있는 활동과 동아리 목록을 보면서 다뤄지지 않는 문제들을 살펴봤어요. 그 뒤 우리 학교에 해비타트 포 휴머니티(Habitat for Humanity)와 국제 앰네스티 지부를 세웠죠. 저희 동아리는 기관 수준의 지원을 받으며 자체 프로젝트를 자유롭게 만들 수 있었어요.

Q. 후배들을 위해 공부 팁을 준다면?

앤젤라 리_ 다들 여러 번 들은 말이겠지만 제가 정말로 믿는 말이 있어요. 자신이 정말 좋아하는 분야를 좇는 것이 중요해요. 평범한 말처럼 들리겠지만 자신이 무엇을 좋아하는지 알려면 자신이 뭘 잘하는지, 어떤 재주가 있는지 잘 이해해야 하죠. 자기 능력을 생각해본 후 자주 하는 일이 뭔지, 어떤 것에 끌리는지 생각해봐야 해요. 제 경우는 사회 활동, 특히 페미니즘 문제와 학생들과 관련된 문제에 주로 집중했어요. 비영리 단체를 운영하거나 동아리를 운영하는 일은 많은 노력과 에너지를 쏟아야 하지만, 저는 항상 의욕적으로 꾸준히 일할 수 있었죠.

그러니 진심으로 관심 있는 분야를 찾는 것이 중요해요. 그래야 뒤돌아봐도 일처럼 느껴지지 않을 테니까요. 자기 자신과 과거에 이뤘던 모든 성과를 다른 사람들에게 최선을 다해 보여줘야 해요. 자신의 독특한 스토리, 세상에 보여줄 만한 나만의 이야기를 잘 생각해봐야 해요. 대학마다 학생을 뽑는 자체 기준이 있다는 사실도 기억하세요. 그러니 자신에게 맞는 대학을 찾아야죠. 제 여동생은 저보다 학교 성적이 훨씬 좋아요. 고등학교 때 수학 경시대회와 올림피아드에서 우승도 자주 했죠. 여동생은 스탠퍼드와 하버드에 동시 지원했는데 하버드는 떨어졌지만 스탠퍼드는 붙었어요. 그러니 스탠퍼드가 더 들어가기 어렵다고 볼 수도 있죠. 결국 학교마다 중요하게 생각하는 가치와 집중하는 분야에 맞는 학생을 찾고 있는 거예요.

Q. 하버드에 입학할 수 있었던 나만의 'X요소'는 무엇일까요?

앤젤라 리_ 입학 사정관들은 제가 프로젝트를 시작했고 진심으로 좋아했다는 걸 제 지원서에서 봤을 거예요. 하버드에 들어가기 위한 '전략'이나 계획은 따로 없었어요. 그저 학생 운동가로서 제 역할을 다하기 위해서라면 할 수 있는 건 다 했을 뿐이죠. 그래서 슈퍼걸즈를 설명하고 소년원에서 청소년들을 교육하는 방법에 대해서도 모두 이야기했어요. 입학 사정관들도 저를 열정적이고 추진력 있는 사람이자, 하버드 커뮤니티에 기여하고 자신의 관심사를 나눌 수 있는 사람으로 인식했을 거라고 생각해요. 하버드에 어떻게 들어갔는지 물어볼 때마다 항상 이 조언을 해요. 자신이 정말로 다니고 싶은 학교가 있다면 그곳에 어떻게 기여할 수 있을지 스스로에게 물어보라고요. 다른 사람들과 나눌 수 있는 자신만의 특징과 흥미로운 경험이 있나요? 이 접근 방식은 제 지원서를 정리할 때, 특히 입학 에세이를 작성할 때 도움이 됐어요.

Q. 하버드에서 힘들었던 점이 있다면?

앤젤라 리_ 가장 큰 어려움은 갈피를 잡을 수 없을 정도의 자유 시간이었어요. 처음에는 어떻게 사용할지 몰랐거든요. 고등학교는 모든 시간이 수업 시간으로 채워져 있고 체계적으로 정리되어 있어서 매시간을 어떻게 활용할지 알 수 있죠. 오히려 시간이 너무 빡빡해서 밤을 새운 날도 많고, 건강이 나빠진 적도 있었어요. 그런데 하버드에 오니까 시간이 너무 많은 거예요. 할 일을 다하고 사회 활동도 하고, 잠깐씩 낮잠을 자고도 시간이 남았죠. 하버드에 처음 왔을 때는 그 균형을 찾는 것이 큰 난관이었어요. 게다가 고등학교에서는 제가 작은 연못의 큰 물고기였을지 몰라도 대학에 오니까 광대한 바다의 작은 물고기가 된 것 같은 기분이었어요. 하버드는 지원을 많이 해주지만 동시에 경쟁도 치열해요. 수천 명의 동급생이 있고, 다들 어떤 영역에서는 자신보다 뛰어나리란 사실을 인지해야 해요. 중요한 건 누구나 강점과 약점이 있다는 걸 아는 거죠. 자신의 강점을 이해하고, 약점을 이해하며, 자신을 발전시키는 것이 중요해요.

Q. 하버드 교육의 가장 훌륭한 가치는 무엇이라고 생각하나요?

앤젤라 리_ 졸업장이요. (웃음) 농담이고요, 가장 중요한 건 하버드에서 만날 사람들이에요. 그렇게 다양한 배경을 가진 사람들을 만나본 건 처음이었어요. 교수님들을 포함해서요. 하버드에서 가장 친한 친구 한 명은 쿠바 출신이고, 또 한 명은 일본 출신이에요. 거의 모든 대륙에서 온 친구를 사귈 수 있을 거예요. 제가 자란 캘리포니아 오렌지 카운티는 문화적, 인종적으로는 매우 다양하지만 그래도 비슷한 배경을 가지고 있거든요. 그러니까 하버드에서 경험한 다양성은 처음이었어요. 하버드의 대학원생들한테도 정말 많은 걸 배웠어요. 다들 뛰어난 데다 학부생들과 대화를 나누고 싶어 하는 사람들이죠. 하버드는 정말 많은 '덕후'가 모인 곳이기도 해요. 다들 정말 덕후 같지만, 재미있는 일도 많이 해요. 직장 생활을 하면서 많이 그리워하는 부분이기도 해요.

Q. 현재 하는 일과 앞으로의 계획은요?

앤젤라 리_ 현재 인기 어린이 TV 프로그램 《뽀로로》로 잘 알려진 어린이 방송사 ICONIX의 사업부에서 인턴으로 일하고 있어요. 매우 멋진 경험이에요. 항상 전략을 짜는 일은 뭐든 관심이 있었거든요. 1월에는 컨설팅 회사에 들어갈 예정이에요. 현재 계획은 사업 관리에 대해 몇 년 더 경험을 쌓은 후에 제 사업을 시작하는 거예요. 저는 아직 젊고 다른 분야를 추구하거나 대학원에 진학할 시간도 있어요. 앞으로 몇 년 동안의 삶이 기대돼요.

과외 활동 및 수상 경력

- 렉싱턴 중학교 토론 동아리 (설립자, 수석 코치)
- 슈퍼걸즈(Supergirls) 동아리 (설립자, CEO)
- 스필트 아츠(Spilt Arts) 봉사단체 (인턴)
- 사이프러스 고등학교 토론 동아리 (토론 주장)
- 사이프러스 고등학교 국제 앰네스티 (설립자, 회장)
- 사이프러스 고등학교 해비타트 포 휴머니티 (설립자, 회장)
- 전국 법의학 리그 올 아메리칸 아카데믹 어워드
- 캘리포니아 음악 교사 협회 10단계 자격증
- 오렌지 카운티 스피치 앤드 디베이트 리그 1위 (즉석 연설)
- 브러쉬크 인비테이셔널 1위 (정책 토론)

책벌레 & 하피스트

다니엘 남

    TV를 거의 보지 않았던 부모님 덕분에 다니엘은 도서관에서 손에 잡히는 모든 책을 읽을 정도로 책을 사랑했다. 동시에 하프 연주를 통해 감정을 표현하는 법을 배웠다. 다니엘은 대학 입시 때문에 바쁜 와중에도 하프 경연을 위해 단 이틀 동안 홍콩까지 갔다 오는 집념을 보여줬다. 단순히 그렇게 하고 싶었기 때문이다. 결과적으로 준우승을 하게 됐고 망설이지 않고 도전하는 자세를 배웠다. 아이비리그에 합격하리라 기대하진 않았지만 도전했고 결국 하버드, 프린스턴, 스탠퍼드에 합격했다. 다니엘은 열정 넘치는 학생들, 뭐든지 할 수 있는 자원 등 하버드의 환경을 하버드 교육의 가장 가치 있는 점으로 생각했다.

부모님들이 기억할 포인트

1. 자녀의 관심사는 부모가 예상치 못한 방식으로 성장할 수 있습니다. 다니엘 역시 처음에는 단순히 하프 연주가 좋았지만, 병원에서 연주 무대에 오른 후 음악이 사람들에게 위로를 줄 수 있음을 깨달았죠. 이를 통해 사람들에게 선한 영향을 주기 위해 경제학을 선택했습니다. 자녀가 관심을 가지는 일을 지지하는 마음으로 지켜봐 주는 부모가 되어 주세요.

2. 시험 준비로 정말 바쁘지만 하프 경연대회처럼 자녀가 꼭 하고 싶은 일이 있다면 망설이지 않도록 도와주세요. 이건 시간의 문제가 아닙니다. 좋아하는 일을 하면 공부를 더 잘할 수 있는 에너지가 생기게 될 거예요. 성적과 하고 싶은 일을 모두 잡는 것은 물론, 도전 정신도 배울 기회가 될 테니까요.

Q. 고향은 어디고 어떤 학교에 다녔나요?

다니엘 남_ 미국 캘리포니아주 실리콘 밸리예요. 아버지는 1997년에 스탠포드 대학교에서 전기 공학 석사 및 박사 학위를 따려고 미국으로 이주하셨고, 그때부터 우리 가족은 베이 지역과 실리콘 밸리 지역에서 살았어요. 마운틴 뷰 고등학교 출신이고 하버드에서는 경제학 학사를 전공했고 2023년 졸업반이에요.

Q. 어렸을 때는 어떤 아이였나요? 어릴 적 관심사는 뭔가요?

다니엘 남_ 상상력이 풍부하고 호기심이 많은 아이였어요. 친구들보다 가족과 더 많은 시간을 보냈죠. 엄마는 제가 태어난 지 얼마 안 됐을 때부터 정말 활달했대요. 말도 못하는 애가 산책하러 가고 싶다고 신발을 들고 오곤 했다죠. 밖에 나가서 사람들에게 인사하는 걸 정말 좋아했대요. 책을 좋아하다 보니 엄마와 함께 자주 도서관에 소풍을 가서 책을 읽곤 했어요. 세 살 때부터 매일 몇 시간씩 책을 읽었죠. 책은 제 주요 오락 수단이었고, TV는 가족 여행이나 친구 집에 갔을 때처럼 특별한 경우에만 볼 수 있었어요. 엄마는 매일 10~30권의 책을 읽어 주셨어요. 초등학교 교실 뒤쪽 책장에는 약 300권의 책이 있었는데 학년이 끝날 때쯤이면 전부 다 읽어 버렸죠.

Q. 하버드에 진학할 때 부모님은 얼마나 관여했나요? 어떻게 도우셨나요?

다니엘 남_ 부모님 두 분 다 미국에 온 이민자셔서 영어가 그리 유창하지 않으세요. 아빠는 비교적 영어를 잘하시지만요. 부모님이 언어 학습의 중요성을 강조하셨는데 그 점을 감사해하고 있어요. 공원, 박물관, 행사 등 다양한 문화 체험을 거의 매일 할 수 있도록 큰 노력을 기울이셨죠. 부모님은 교실 안 만큼이나 밖에서도 배울 게 많다는 점을 강조하셨어요.

초등학교 시절에는 부모님이 과외 학습 책을 구해주셨지만, 고등학교 때는 과외를 받거나 SAT 준비 학원에 다니지는 않았어요. 부모님과는 항상 가까웠고 학업과 관련된 결정이 있을 때마다 부모님의 의견을 물어봤어요. 지금도 그렇고요. 대학 입시 에세이를 준비할 때도 부모님과 오랜 시간 논의했어요. 제가 태어날 때부터 알아온 사람이야말로 제 이야기를 진술하고 정확하게 풀어놓을 수 있도록 가장 잘 이끌어줄 사람들이라고 생각했어요.

학년 초에 부모님과 함께 앉아 제가 지금껏 해온 일들에 대해 생각하는 브레인스토밍 시간을 가졌어요. 나중에 입학 에세이를 여러 번 고쳐 쓰면서 아이디어 자체와 논리 구조를 부모님께 설명하고 피드백을 받았고요.

부모님은 제 음악 경력도 지원해 주셨어요. 저는 하피스트였고,

대회와 콘서트에 참가하려고 자주 여행을 다녔어요. 고등학교 2 학년이 됐을 때는 매년 4~5개의 대회에 참가했고요. 엄마는 비행기 표와 호텔을 예약하고 짐을 처리해 주셨는데, 고등학생인 제가 감당할 수 없는 일이었죠. 아빠도 매주 제가 지역 병원에서 자원봉사할 수 있게 데려다 주셨어요. 부모님은 제가 하고 싶지 않은 일은 절대 강요하지 않으셨지만, 부모님의 지원이 없었다면 이렇게까지 자신을 밀어붙일 수는 없었을 거예요.

Q. 하버드를 준비하면서 가장 기억에 남는 일은 무엇이고, 뜻밖의 경험은 무엇이었나요?

다니엘 남_ 대학에 들어오기 전에는 음악이 제 인생의 큰 부분을 차지했지만 지금은 예전만큼은 아니에요. 고등학교 3학년 가을에 홍콩에서 큰 하프 대회가 열렸어요. 가을은 고등학생들이 가장 스트레스를 많이 받는 시기이기도 하죠. 대학 입시 원서를 제출해야 할 시기잖아요. 별 기대 없이 신청했는데 라이브 라운드에 초대받아 홍콩에 가게 됐어요.

성공할 가능성이 낮아 보이지만 정말 하고 싶은 일, 그리고 논리적인 결정으로 보이는 것, 그러니까 남아서 대학 입시 원서를 준비하는 것 사이에서 어려운 결정을 내려야 했던 게 기억나요. 여러 전국 대회에 참가했지만, 국제 대회에 참가한 적은 없었거든요. 가능성이 낮다는 것을 알면서도 대회에 가보고 싶었어요. 솔직히 말해서 잠시나마 대학 입시의 압박에서도 벗어나고 싶었죠. 결국 엄마와 함께 가기로 했어요.

목요일 오후 2시(네, 신기하게도 시간까지 기억나네요.) 6교시가 끝난 후 학교에서 바로 공항으로 갔고, 토요일 아침에 홍콩에 도착했어요. 오후에 연습하러 갔는데, 하프를 가지고 가지 않아서 길게 줄을 서야 했어요. 일요일 아침에 무대에서 연주했고요. 그런데 전혀 예상치도 못하게 2등을 해버렸어요! 그날 저녁 시상식에 참석한 뒤 다음 날 수업 시간에 맞춰 돌아왔죠. 정말 말도 안 되는 경험이었지만 정말 정말 가길 잘했어요. 한편으로는 엄마와의 소중한 추억이기도 하고요. 또 국제 대회에서 상을 받은 건 처음이어서 이 경험이 대학 입시에도 도움이 많이 됐다고 생각해요. 제가 현실적인데다 때로는 냉소적이기도 하지만, 이 경험을 통해 가끔은 결과가 어떻게 될지 모르는 상황일지라도 믿고 도전해도 괜찮다는 사실을 배웠어요. 운 좋게 잘 풀릴 때도 있거든요.

Q. 후배들을 위해 공부 팁을 준다면?

다니엘 남_ 하프 연주 연습과 학업을 병행했어야 해서 어릴 때부터 시간을 현명하게 관리하는 법을 배웠어요. 저는 혼자 공부하는 걸 늘 선호했어요. 하지만 대학에 온 지금은 단체 활동과 스터디그룹이 정말 도움이 된다는 생각이 들어요. 고등학교 때는 음악, 학업, 그리고 교외활동에 집중하기 위해 외출을 자제했었죠.

실제로 관심 있는 수업을 듣는 것도 중요해요. 꽤 당연하게 들리겠지만, 많은 학생들이 단순히 입시 때 잘 보이려고 특정 수업을 듣거든요. 어려운 과목을 듣는 것이 좋아 보일 수도 있지만, 좋아하는 과목에서 좋은 성적을 얻는 편이 훨씬 더 좋아요. 싫어하는 과목을 공부하면서 좋은 성적을 받는 건 훨씬 더 어려우니까요. 어떤 과목이든 강한 의지로 억지로 밀어붙이는 사람도 있겠지만, 진심으로 관심 있는 과목을 선택해서 좋은 성적을 얻는 편이 훨씬 도움이 돼요. 저도 각 수업마다 정말 좋아하는 요소들을 찾아내서 힘든 순간에도 공부할 동기를 만들곤 했거든요. 자신의 열정이 무엇인지 알고 입시 지원서에서 보여주세요. 대학에서도 학생이 모든 것을 잘할 거라고 기대하지는 않을 거예요. 특정 분야에 집중하고 한 가지 분야를 깊게 파면서도 얕고 넓은 주변 지식을 개발하는 학생(예를 들어, 미국 역사를 수강하면서도 고급 생물학을 듣고 지역 실험실에서 자원봉사를 하는)이 입학 사정관들이 실제로 찾고 있는 학생일 거예요.

Q. 하버드에 입학할 수 있었던 나만의 'X요소'는 무엇일까요?

다니엘 남_ 저는 항상 음악을 사랑했어요. 그래서 제 경우에는 과외 활동이 가장 중요한 요인이었다고 생각해요. 저는 여섯 살 때부터 하프를 연주하기 시작했어요. 다섯 살 때는 피아노를, 두세 살 때는 직접 노래를 불러 녹음하기 시작했다고 해요. 앞서 말했듯이 고등학교 때는 국제 하프 대회에서 입상했고, 이 또한 절 돋보이게 하는 데 한몫했겠죠. 하프는 독특한 악기인 데다 꽤 높은 수준에서 경쟁하고 있으니까요. 당시에는 음대를 고려하기도 했어요.

공익 봉사도 많이 했어요. 중학교 때부터 과외 선생으로 자원봉사를 하고, 자원해서 음악 공연도 열었고요. 한동안 호스피스에서 공연을 했는데 단순한 음악 연주 이상의 의미가 있었어요. 관객 중 많은 분이 베트남 전쟁, 2차 세계대전, 한국 전쟁 참전 용사들이었고 공연이 끝난 후 놀라운 인생 이야기를 들려주셨죠. 그분들이 나라를 위해 복무하며 겪은 일들을 듣는 것만으로도 성숙해지고 새로운 관점이 생기는 걸 느낄 수 있었어요. 그분들의 경험을 직접 듣던 일은 오래오래 기억에 남을 거예요.

Q. 하버드에서 힘들었던 점이 있다면?

다니엘 남_ 하버드에 도착하기 전부터 겪던 딜레마가 하나 있었어요. 고등학교 3학년 가을 학기에 아빠와 같이 미국 동부 해안을 따라 4일간의 드라이브를 하며 대학들을 둘러봤어요. 하버드에서는 행운을 빌며 존 하버드의 발을 만졌고, 프린스턴에서는 차분한 캠퍼스 분위기가 정말 인상적이었죠. 스트레스 많은 대학 입시 과정에서 제가 정말 필요했던 것이 바로 차분한 분위기였어요. 그래서 프린스턴에 수시 지원을 했죠. 아이비리그에 합격하리라 생각하지는 않았지만 지원해 볼 가치는 있다고 생각했어요. 합격할 거라고 기대하지 않아서 합격했을 때는 정말 정말 놀랐죠.

하버드는 정시로 지원했어요. 3월, 즉 프롬(고등학교 무도회) 시즌이 다가와서 드레스를 입어보러 가려는데 하버드 합격 편지를 받았어요. 그래서 하버드, 프린스턴, 스탠퍼드 중에서 꽤 어려운 결정을 내려야 했죠. 위치, 날씨, 수업, 학생들의 우호도 등 여러 요소를 나열한 스프레드시트를 만들었어요. 프린스턴은 성적 인플레이션이 위협적으로 느껴져서 목록에서 제외했어요. 하버드는 더 큰 학생 규모, 대학원 수준의 전문대, 경험하기 좋은 연구 기회와 기관들이 있었어요.

다니엘 남_ 최종적으로 하버드와 스탠퍼드 사이에서 선택해야 했죠. 어느 정도는 감정이 섞인 결정이었어요. 앞서 말했듯 저는 스탠퍼드 바로 옆에 살았고, 스탠퍼드 캠퍼스에서 자라다시피 했기 때문에 스탠퍼드를 제 두 번째 집처럼 여겼거든요. 동시에 새로운 걸 탐험하고 싶은 마음도 있었죠. 저는 동부로 가서 눈도 보고, 동부 문화도 경험하고, 아는 사람이 없는 환경에 저를 던져보고 싶었어요. 새로운 환경에서 제가 얼마나 잘할 수 있을지 시험해 보고 싶었죠. 그래서 하버드로 결정했어요.

Q. 하버드 교육의 가장 훌륭한 가치는 무엇이라고 생각하나요?

다니엘 남_ 하버드 환경에 있는 것 그 자체가 놀라운 경험이에요. 환경의 큰 부분은 사람이고요. 부지런하고 성취도 높은 학생들에게 항상 둘러싸여 있다 보니 저도 더욱 열심히 일하게 되고, 더 높은 목표를 이루게 되고, 이 세상에서 또 무엇을 할 수 있을지 찾게 돼요. 자기 사업이나 정치 운동을 시작하는 학생들이 존경스럽죠. 이런 곳의 일원이 되면 저도 그런 일을 할 수 있다는 생각이 들어요. 재능과 자원이 넘치는 학교에서는 떠오른 아이디어를 실행하는 데 큰 장애물이란 없죠. 이런 환경은 사회적 변화를 배양하고 생성하는 데 이상적인 데다 궁극적으로 학생들을 리더로 만들어 내요.

지도 멘토링(guidance mentorship)이라는 것도 발견하고 있는데요. 동급생, 프로젝트팀, 인생이란 길 위에서 저보다 좀 더 앞서 있는 대학원생들과 깊은 관계를 맺는 것도 매우 소중한 자원이라는 점을 상급생한테 배웠어요. 게다가 생전 처음 듣는 특정 분야에 평생을 바친 놀라운 교수진들 아래서 매주 수업을 듣는 일은 정말 놀라워요. 확실히 특권이나 다름없죠.

Q. 현재 하는 일과 앞으로의 계획은요?

다니엘 남_ 갓 1학년을 마친 지금은 어떤 경력을 쌓을지 진로를 좁혀가는 과정에 있는데요. 현재는 사회과학에 관심이 있어요. 법학 쪽에서는 인간 사회가 법의 제한을 동의한 방식이 흥미롭습니다. 윤리와 법의 상호작용, 이에 대한 해석과 반응도 매우 매력적인 연구 주제죠. 경영학도 새롭게 관심을 갖게 된 분야예요. 경제학은 이 분야의 질적, 양적 측면을 모두 활용하고요. 경제학은 많은 사람과 관련이 있고 큰 영향을 미칠 수 있죠.

과외 활동 및 수상 경력

- 하프 연주 (경연 대회 및 콘서트)
- 지역 병원에서 환자들을 위해 하프 연주 자원봉사
- 생물학 동아리 임원
- 웅변 및 토론 (소규모 참여)
- 전국 메릿 준결승 진출자
- 전국 AP 학생(National AP Scholar)
- 미국 생물학 올림피아드 준결승 진출자
- 국제 하프 경연 대회에서 여러 차례 입상

토론가
&
두발 규제 저항 운동가

카일 킴

　카일은 어려서부터 질문이 많고 논리적으로 사고하는 아이였다. 단순한 호기심이 아니라, 세상의 규칙과 권위에 의문을 던지는 것이 그의 사고방식이었다. 특히 한국에서 자라며 경험한 불합리한 규칙, 예를 들어 학교의 두발 규정이나 획일적인 학생 생활 규칙에 반발하며 선생님에게 이의를 제기하는데 망설이지 않았다. 카일은 단순히 불만을 갖는 것에서 멈추지 않고 토론팀과 학생회를 통해 직접 변화를 만들어 나갔다. 카일이 하버드 교육에서 가장 가치 있다고 생각하는 점은 사람들이었다. 주변 친구들과 토론하며 많은 것을 배웠고 열정적인 사람들에게 둘러싸여 있는 것만으로도 큰 영감을 받았다고 한다.

부모님들이 기억할 포인트

1. 아이들이 기존의 규칙에 의문을 품고 토론하는 것은 건강한 성장 과정의 일부입니다. 카일 역시 단순히 규율에 반발한 것이 아니라, 논리적으로 설득하고 변화를 이끌기 위해 노력했죠. 때로는 기존의 틀을 깨고자 하는 아이들의 목소리가 불편하게 들릴 수도 있지만, 이를 성장의 기회로 바라봐 주세요.

2. 리더십의 조건은 높은 성적이 아닙니다. 카일은 학생회를 이끌며 실질적인 변화를 만들어갔고, 이를 통해 더 넓은 시야를 갖게 되었습니다. 아이가 관심을 갖는 사회적 문제나 공동체 활동을 지지해 주세요. 이런 경험들은 학업 성취뿐만 아니라, 더 큰 책임감과 자신감을 키우는 데 중요한 역할을 합니다.

Q. 고향은 어디고 어떤 학교에 다녔나요?

카일 김_ 대한민국과 미국 매사추세츠주 보스턴이요. 대한민국은 제가 태어나고 대학에 들어가기 전까지 자란 고향이에요. 그래도 지난 6년 동안 보스턴이 점점 좋아졌고, 이제 미국을 제 두 번째 고향으로 여기고 있죠. 고등학교는 민족사관고등학교를 졸업했고, 이후 2년 동안 군복무를 수행했어요. 하버드에서 전공은 정부학이었고 2019년에 졸업했어요.

Q. 나만의 특이한 점은 무엇인가요? 나만의 독특한 개성은 뭐라고 생각하나요?

카일 김_ 저는 모든 종류의 대화를 좋아해요. 건강한 토론으로 이어지는 대화라면 더 좋죠. 가끔은 이런 면 때문에 곤란해질 때도 있어요. 일상적인 문제부터 현 정부의 문제까지 어떤 주제든 얘기하는 걸 좋아하죠.

Q. 어렸을 때는 어떤 아이였나요? 어릴 적 관심사는 뭔가요?

카일 김_ 책을 많이 읽었어요. 중학교 때는 위인전기와 《동물 농장》같은 '교양 입문서' 수준의 문학에 끌렸어요. 책을 많이 읽을수록 이성적 사고와 논리를 최우선으로 여기게 됐죠. 그렇게 저는 토론가가, 그것도 꽤 고집스러운 토론가가 됐죠. 한국에서는 합리적이지 않은 규정을 따르지 않으려고 하다가 선생님들과 자주 '논쟁'을 벌였던 기억이 나요. 예를 들어, 머리 길이를 강요하거나 학생들이 돈을 기부하도록 요구하는 정책들이 있었어요. 전 그런 정책들을 정말로 용납할 수 없었고요. 특정한 방식으로 머리를 자르는 것과 학업 성취도 사이에 어떤 상관관계도 없다고 생각했거든요. 그리고 의무적인 기부는 자발적인 기부의 목적을 완전히 무색하게 만든다고 생각했고요. 저라면 자발적으로 기부를 했을 텐데 말이죠.

한국에서는 집단에 순응하라는 압력이 강해요. 그러다 보니 항상 호기심 많고, 자기 생각을 말하고, 주변의 권위자들에게 의문을 품는 전 항상 눈총을 받았죠.

Q. 하버드에 진학할 때 부모님은 얼마나 관여했나요? 어떻게 도우셨나요?

카일 김_ 호기심 많고 고집스럽고 분석적인 아이였어요. 이해할 수 없는 걸 보면 항상 명확하게 알기 위해 물었어요. '왜 하늘은 파란가요?' '왜 《동물 농장》의 동물들은 혁명 이전과 똑같은 상황에 놓이게 됐죠?' 이런 질문을 했죠. 다행히도 저희 부모님은 꽤 인내심이 많은 분들이었어요. 교수님답게 가르치는 것을 즐기는 아버지는 어려운 개념을 제가 이해할 수 있는 방식으로 끊임없이 설명해 주셨어요.

부모님 모두 정말 많은 지지와 도움을 주셨고 제가 호기심을 탐구하도록 유도해 주셨어요. 많은 자유를 주시고 다양한 활동을 시도해 보도록 격려하셔서 제가 어떤 걸 좋아하는지 알 수 있도록 도와주셨죠. 한번은 제가 열정적으로 할 수 있는 일이 뭔지 찾아보려고 테니스, 수영, 축구, 피아노 등 열두 가지 이상의 과외 활동에 도전했어요.

어느 순간 제가 무언가 하나 계속하고 싶어 하지 않으면 부모님은 간단하게 그만두라고 말씀하셨어요. 두 분 모두 저에게 무언가를 절대 강요하지 않으셨죠. 어떤 학원을 더 이상 다니고 싶지 않다고 부모님께 불평했던 적이 있어요. 놀랍게도 부모님은 이렇게 말씀하셨어요.

"네가 원하지 않으면 갈 필요 없단다. 네가 그렇게 하기 싫어하는데 돈 써가면서까지 강요하고 싶지 않구나."

부모님은 제 상황을 정말 잘 이해해 주셨죠. 그때야 깨닫고 말씀드렸어요.

"알겠어요. 계속 다닐지 말지 생각해 볼게요."

'공부를 하지 않아도 되고 과외 활동도 그만둬도 되고, 쳇바퀴 같은 삶에서 내려와도 된다.'

열세 살에 이런 말을 들으면 좀 무섭죠. 자신의 결정과 그 결과에 대해 진지하게 생각하게 돼요.

고등학교 3학년 때 부모님은 제 입학 지원서를 작성하는 데 많은 시간과 노력을 들이셨어요. 주말에는 몇 시간씩 같이 브레인스토밍하고, 글을 고치고, 지원서 자료를 수정했어요. 두 분 모두 제 편집장이나 다름없었죠. 비록 지원서의 이야기와 내용은 저에 관한 것이었지만, 지원서는 다 같이 노력한 결과였어요.

하버드에 지원하기로 한 것은 어머니 덕분이에요. 수시 모집 기간이 다가왔을 때 어머니가 이렇게 말씀하셨던 기억이 나요.

"이건 수시고, 아직 정시가 남아 있어. 지금 별을 향해 도전하지 않으면 평생 후회할 거야, 합격 여부와 상관없이 말이야."

Q. 후배들을 위해 공부 팁을 준다면?

카일 킴_ 학생들에게 주는 공부 팁이라면 미리 계획을 세우고 흔들림 없는 집중력으로 계획을 따르라고 말하고 싶네요. 매 시험 전에는 남은 날짜를 세고 각 과목의 시험 내용을 완벽히 숙달하는 데 필요한 시간을 현실적으로 계산해서 계획을 짰어요. 보통 중간고사와 기말고사 준비를 위해 2주에서 2주 반 정도의 준비 일정을 세웠죠. 그런 다음 그 일정을 철저히 따르려고 노력했고, 계획을 지키지 못하면 자신에게 매우 엄격하게 대했어요. 모든 학생한테는 잘할 수 있는 잠재력이 있어요. 학생들 사이에서 크게 갈리거나 중요한 것은 지능이 아니에요. 오히려 공부하는 훈련이죠.

친구들과 즐겁게 놀고, 반에서 발언권을 얻고, 가족, 선생님, 친구들의 지지를 얻으려면 학업 성적이 우수해야 한다는 사실을 무의식적으로 알고 있었어요. 만약 시험 성적이 떨어지면 친구들과 어울려서 놀 수 없다는 것도 잘 알고 있었죠. 즉, 학업 성취도는 제가 가장 하고 싶은 일을 즐기기 위해 필요한 증명서나 통행증과 같은 거였어요. 시험 기간이 끝나면 컴퓨터 게임을 8~9시간 동안 마음껏 즐기며 스스로 상을 줬죠. '열심히 일하고 열심히 놀자'라는 정신을 받아들인 거죠.

저는 영어 문학을 읽고 정치 토론을 즐기는 인문학 소년이었어요. 수학과 과학 같은 과목들은 어느 정도 즐길 수 있었지만 제 강점은 아니었죠. 그런 과목들을 잘하려면 솔직히 다른 학생들보다 두세 배의 시간을 투자해야 했어요.

정보를 일일이 분해한 다음 기초부터 이해하기 위해 모든 단계를 거쳐야 했기에 배우는 게 끔찍하게 느렸어요. 하다가 안 되면 원리를 아예 이해하지 못한 채 암기하기도 했죠. 정말 싫어하는 일 중 하나였어요. 물리학 수업에서 본 시험 하나는 시간 내에 전부 이해할 수 없어서 모든 공식과 모든 문제 세트를 통째로 외워 버렸어요. 제가 싫어하거나 이해하기 어려운 과목들은 이런 식으로 통과했어요.

Q. 하버드 입학을 가능하게 한 당신의 'X 요소'는 무엇이라고 생각하나요?

카일 킴_ 저는 제 진정한 모습을 보여주는 것을 두려워하지 않았어요. 가장 진솔하고 꾸밈없는 제 모습이 가장 흥미롭고 매력적이라고 믿었죠. 하버드가 저를 있는 그대로 원하지 않는다면 아마 제가 있을 곳이 아니겠죠. 저한테 맞는 학교를 찾고 있었던 것이지 제가 맞춰야 할 학교를 찾는 게 아니니까요. 아마도 하버드는 그 솔직함과 자신감을 좋아했겠죠.

입학 지원서에서 토론을 주로 다뤘어요. 선생님들과 대학 상담 교사들이 하지 말라고 강력히 권고했는데도 말이죠. 입학 지원서에 토론을 강조하는 건 너무 뻔한 데다, 솔직히 지원서가 좋은 평가를 받지 못하니까요. 많은 이들이 토론 그만두고 다른 것을 하라고, 최소한 지원서의 주요 부분으로는 삼지 말라고 대놓고 말할 정도였죠. 하지만 곰곰이 생각해보니 토론은 여전히 제가 가장 좋아하고 저를 가장 잘 정의한 활동이었어요. 그래서 저는 토론을 지원서의 전면 포스터로 내세우는 대담한 행동을 했죠. 또한, 점 찍어 쭉 나열하는 뻔한 업적과 통계를 넘어 제가 참여한 각 과외 활동을 선택한 이유도 설명한 이력서를 제출했어요. 주어진 공식과 형식을 따르되, 그 경계 내에서 조금 창의적이고 진정한 자신을 보여줄 수도 있는 거예요.

아무리 특별한 활동과 수상 경력이 있어도 이를 나열하는 건 지원서 과정의 50%에 불과하죠. 나머지 50%는 강점을 최대한 드러내는 방식으로 자신의 성과를 보여주는 거예요. 자신이 누구인지, 무엇을 했는지 강조하는 잘 짜인 이야기가 중요하죠. 지금까지 본 바로는 많은 학생이 지원서 작성 과정의 이 부분에 충분한 노력을 기울이지 않고 있어요. 올림픽 선수처럼 2년 반을 열심히 노력하지만, 실제 지원서 작성에는 단 2주만 투자하죠. 잠재력을 엄청 낭비하는 꼴이에요. 강점을 전략적으로 생각하고 서류에서 잘 보여 줘야 해요.

Q. 하버드에서 힘들었던 점이 있다면?

카일 김_ 논란이 될 만한 발언일 수 있지만, 사실 학업 면에서는 하버드가 고등학교보다 덜 어렵다고 생각해요. 아마 한국 학생들이 얼마나 열심히 공부하는지를 보여주는 방증이겠죠.

하버드에서 마주한 어려움은 미국 문화에 적응하는 거였어요. 비록 제가 영어에는 능통하지만, 평생을 한국에서 보냈기 때문에 미국에서는 이방인이었으니까요. 하버드에서 미국 문화의 맥락을 이해하며 학생들, 교수들과 교류하려면 좀 더 노력이 필요했죠. 다양한 사람들을 만날 기회를 찾고, 이야기를 듣고, 계속해서 제 안전지대를 벗어나기 위해 노력하는 등 더 적극적이고 외향적으로 변해야 했어요.

Q. 하버드 교육의 가장 훌륭한 가치는 무엇이라고 생각하나요?

카일 김_ 하버드의 가장 소중한 자산은 동급생, 즉 제 친구들이라고 확실히 말할 수 있어요. 하버드에서의 가장 좋은 추억은 룸메이트나 하우스메이트들과 늦은 밤에 나눈 토론이에요. 비록 시험 공부 할 시간을 희생해서 얻은 결과였지만요. 하버드 학생들은 야망이 정말 커요. 세상을 바꾸고 자신의 이름을 세상에 알리고 싶어 하죠. 제 친구들은 골드만 삭스 같은 최고의 은행이나 구글 같은 기술 회사에서 일하기도 해요. 자기 사업을 시작하거나, 전 세계를 여행하거나, 비영리 단체를 운영하거나, 심지어 의회에서 로비 활동을 하는 친구도 있고요. 이런 사람들에 둘러싸여 있으면 큰 영감을 받게 되고 친구들의 발자취를 따르고 싶어져요.

하버드는 제가 마음먹은 일은 무엇이든 할 수 있다는 자신감을 심어줬어요. 하버드 입학은 지금까지 제 인생에서 가장 어려운 업적 중 하나였을 거예요. 이제 저는 인생이 던지는 어떤 장애물도 극복할 수 있는 자신감을 가지게 됐어요.

Q. 현재 하는 일과 앞으로의 계획은요?

카일 김_ 현재 경영 컨설팅 분야에서 일하고 있는데요, 이를 통해 다양한 산업을 경험할 수 있죠. 미래에 무엇을 하고 싶은지는 여전히 찾는 중이에요. 사람들이나 회사가 문제를 해결하고 더 나은 모습이 될 수 있도록 돕는 것으로 세상에 긍정적인 영향을 미치고 싶어요. 또, 지적 호기심을 자극하고 진심으로 재미있어할 만한 프로젝트를 진행하고 싶고요. 궁극적으로는 행복해지고 싶어요. 올바른 일과 생활의 균형, 그러니까 워라밸을 찾을 수 있도록 노력하고, 다른 사람들과 사회에 의미 있는 방식으로 기여하는 것도 목표예요.

과외 활동 및 수상 경력

- 학생회 회원
- 토론 팀 주장
- 모의재판 팀 공동 주장
- 보컬 동아리 회장
- 전국 대표/토론 대회 챔피언

경쟁력 있는 철학자
&
얼티밋 프리스비 선수

아담 박

아담은 어릴 때부터 경쟁심이 강했고 지적 탐구와 스포츠라는 두 가지 장르를 오갔던 아이였다. 철학과 스포츠는 얼핏 전혀 다른 세계처럼 보일 수 있지만, 아담은 이 두 가지 모두 '전략과 논리적 사고'를 필요로 한다는 점을 발견했다. 스포츠에서 이기기 위한 전략과 토론에서 논리를 구축하는 과정이 유사했기 때문이다. 이제 전략국제문제연구소라는 싱크탱크에서 일하고 있는 아담은 하버드 교육의 가장 가치 있는 점이 하버드에서 만난 사람들이라고 했다.

부모님들이 기억할 포인트

1. 자녀가 여러 분야에 관심을 가진다면, 한 가지만 선택하라고 강요하지 마세요. 아담 역시 철학과 스포츠라는 전혀 다른 두 가지 열정을 키우며 성장할 수 있었습니다. 다양한 경험이 오히려 창의적인 사고를 키우고 예상치 못한 방식으로 연결될 수 있음을 기억해 주세요.

2. 아담은 철학을 학문으로만 다루지 않고, 프리스비 경기에서 전략적으로 사고하는 데 적용했습니다. 학습이 지식 습득의 단계를 넘어 실생활에서 활용하는 단계에 이르게 하려면 아이가 다양한 활동을 경험하도록 도와주세요. 새로운 환경에서 배우고 적용하는 과정에서 아이들은 더 의미 있는 배움을 얻을 수 있습니다.

Q. 고향은 어디고 어떤 학교에 다녔나요?

아담 박_ 미국 메릴랜드주 베데스다가 제 고향이에요. 베데스다세 비 체이스 고등학교를 나왔고요. 하버드에서는 철학을 전공했고 2022년 졸업반이에요.

Q. 나만의 특이한 점은 무엇인가요? 나만의 독특한 개성은 뭐라고 생 각하나요?

아담 박_ 친구들과 함께 있을 때 자주 그러는데요, 아는 내용이라도 가끔 일부러 모르는 척하고 있다가 나중에 제대로 얘기해서 친구 들을 놀라게 하는 것을 좋아해요. 시간이 남을 때는 보통 친구들 과 프리스비를 하고 놀아요.

Q. 어렸을 때는 어떤 아이였나요? 어릴 적 관심사는 뭔가요?

아담 박_ 어릴 때는 경쟁심이 강한 아이였어요. 특히 공부 욕심이 많았어요. 항상 제 학년 수준을 뛰어넘는 책을 읽고 싶어 했거든 요. 초등학교 때는 어려운 단어가 지능의 척도라고 생각해서 뜻을 잘 모르는 단어도 사용하곤 했어요. 예를 들어, 1학년 때는 '기술적 으로(technically)'라고 말하는 대신 '기술학적으로(technologically)'라고 말했는데, 그편이 더 지적이고 심오하게 들렸거든요. 오히려 아이 취급을 받을 때마다 기분이 상했어요. 아직 아이였는데도 말이죠. 초등학교 2학년 때는 학교 출간물인 〈타임 포 키즈〉에 대한 불만을 담아서 정말 긴 이메일을 학교 관리자에게 보냈던 기억이 나요. 정기 우편물이었는데, 매 호에 오류와 오타가 많았거든요. 넵, 저는 그런 아이였어요. 이런 경쟁심은 가족들에게 물려받은 것 같아요. 부모님 두 분 다 변호사시고 어머니가 하버드에 다녔기 때문에 저도 초등학교 때 처음으로 하버드에 갈 생각을 했어요. 그리고 전 물건 수집에 빠져 있었어요. 돌, 벌레, 동전 할 거 없이 그 시절에는 흥미가 생기면 무엇이든 수집했어요. 야외 활동을 좋아하는 아이기도 해서 동네에서 발견한 벌레를 가지고 놀았어요.

Q. 하버드에 진학할 때 부모님은 얼마나 관여했나요? 어떻게 도우셨나요?

아담 박_ 부모님은 제 학습에 동기부여를 해주시는 롤모델이셨어요. 부모님은 저에게 상급생들의 책을 읽게 하셨어요. 한번은 어머니가 마크 트웨인의 완전판을 다 읽으면 100달러를 주겠다고 하셨어요. 초등학생에게는 큰돈이었죠. 결국 완독은 못했지만 부모님이 추천해 주신 책을 정말 많이 읽었어요. 어머니가 하시는 독서모임에서 읽는 책도 대부분 읽었죠.

어머니가 공공 변호사셔서 구두 변론 준비하시는 걸 많이 도왔어요. 덕분에 많은 사건에 대해서도 배웠죠. 부모님은 항상 새로운 걸 시도하고 자기 한계에 도전하도록 격려해 주셨어요. 부모님은 이런저런 캠프나 프로그램을 추천하며 체험해 보라고 하셨지만 억지로 하게 하지는 않았어요. 부모님은 학업을 가장 중요한 가치로 여겨야 한다고 항상 말씀하셨어요. 제가 이를 따르리라고 믿으셨기 때문에 연구 논문이나 숙제를 확인한다든지 해야 할 일 목록을 모두 완료했는지 확인하지는 않으셨어요. 제가 경쟁적이고 추진력 있는 성격인 것도 부모님을 닮아서 그렇다고 할 수 있죠.

하지만 가끔 어머니는 저를 특정 방향으로 밀어붙이거나 지도하지 않았다면 저만의 열정을 찾지 못했을 거라고 농담 삼아 말씀하시고는 하세요. 저도 대학에서야 깨달은 점이죠. 누군가의 특정 방식의 지도나 조언이 없다면 뭔가 하기가 훨씬 어렵다는 것을 알게 됐거든요. 다행히도 친구들과 동급생들이 그 역할을 해줬죠. 자기 일을 잘할 수 있도록 자연스럽게 서로에게 동기부여가 됐으니까요.

Q. 하버드를 준비하면서 가장 기억에 남는 일은 무엇이고, 뜻밖의 경험은 무엇이었나요?

아담 박_ 저는 CISV라는 작은 국제 캠프에 참가했었어요. 이때의 자원봉사 경험을 입학 에세이에 비중 있게 다뤘는데, 제 시야를 넓혀 주고 타인에게 더 공감할 수 있게 해주었기 때문이죠. 열한 살때 처음으로 갔었는데 3년에 한 번 국제 캠프에도 가고 매년 지역 프로그램에도 참여했어요. 한번은 캠프를 조직하는 지역 청소년

이사회에 선출됐어요. 그때 문제를 좀 겪었어요. 저와 완전히 다르게 세상을 보는 사람들을 만나는 일이 좀 힘들더라고요. 미국에서 자라다 보니 당시 국제적으로 무슨 사건이 있었는지 완전히 인식하지 못했거든요.

아랍의 봄이 막 일어나고 모든 것이 긍정적으로 보였기 때문에 매우 신난 이집트 출신의 아이들을 만났던 기억이 나요. 하지만 그후로 이집트 상황은 잘 풀리지 않았죠. 그 아이들의 반응이 계속 생각나요. 열여섯 살쯤에 다시 캠프에 가게 됐는데 이스라엘-팔레스타인 분쟁에 대한 큰 논쟁이 있었어요. 한 소녀는 울기까지 했는데 당시에는 그 이유를 이해하지 못했어요. 하지만 이런 사건을 들어서 아는 것과 직접 경험하는 것은 다르다는 사실을 깨달았죠.

Q. 후배들을 위해 공부 팁을 준다면?

아담 박_ SAT 같은 입학 시험은 가능한 한 모의시험으로 많이 연습하는 게 좋아요. 시험 형식과 나올 문제 유형에 익숙해져야 하거든요.

또 하나는 가능한 한 많은 책을 읽으라는 건데요. 부모님이 허락한다면 밥을 먹으면서도 신문을 읽으세요. 요즘은 천재 기술자, 천재 프로그래머, 미래의 금융 분석가가 될 아이들이 많죠. 하지만 사회적 기술은 많이들 부족하다고 생각해요. 나중에 이 기술적 역량을 가진 사람들과 협력하고 관리하는 데 필요한 기술 말이에요.

저는 자라면서 판타지 책, 특히 시리즈로 나오는 책을 좋아했어요. 제가 정말로 빠져들었던 몇 가지 시리즈가 기억나는데요. 고양이 부족 이야기인《워리어》시리즈,《레인저스 어프렌티스》시리즈, 모든《해리 포터》책,《엔더스 게임》시리즈. 아주 어렸을 때는《매직 트리 하우스》와《연금술사》시리즈를 즐겼습니다. 부모님 모두 독서를 매우 좋아하셨고 종종 괜찮은 책을 제 방문 밑으로 밀어 넣고는 하셨어요. 그때는 읽고 있는 책에 너무 빠져서 같이 놀 수 없다고 말하면 친구들이 이해를 못 했어요.

Q. 하버드에 입학할 수 있었던 나만의 'X요소'는 무엇일까요?

아담 박_ 몇 가지 요소가 있었어요. 첫째, 특권층에서 태어나 자라났고 부모님 두 분 모두 잘 교육받으셨다는 점이 도움이 되었습니다. 워싱턴 D.C. 지역 출신의 동양인 남성으로서 불리한 입학 지역/계층이기도 했죠. 공립학교 출신이란 사실도 입학 요인 중 하나였겠죠. 재밌게도 제가 만난 하버드 입시 면접관은 한 단체의 전국 회장이었어요. 제가 중학교 때 필수였던 봉사 활동 점수의 대부분을 채웠던 단체였죠. 제 지원서를 보면 제가 거의 완벽한 SAT 점수, GPA, AP 과목을 가진 이과(STEM) 학생은 아니라는 게 보였죠. 많은 입시생이 이러한 요소를 갖추고 있지만요. 그래서 아마 인도주의적인 과외 활동에 집중한 점이 입학 사정관들에게 돋보였겠죠.

입시 에세이도 하버드에 들어가는 데 도움이 되었다고 생각해요. 당시에는 에세이를 훌륭하게 잘 썼다고 생각했지만 지금 생각해

보면 꽤 평범하게 보였을 수도 있겠네요. 책에 관한 내용이었는데 많은 입시생이 선택하는 아주 고전적인 주제였죠. 하지만 중요한 것은 제가 에세이를 쓰는 과정을 재밌어했고 제 열정이 글에 그대로 드러났다는 점이죠. 그래서 자기가 좋아하는 재밌는 주제를 선택하라고 권하고 싶어요. 친구 한 명은 워싱턴 대학교에 합격했어요. 아보카도 토스트에 관한 에세이를 썼는데 천재적이었죠. 웃기면서도 매우 잘 쓴 글이었거든요. 너무 난해하게 쓰려고 하면 억지로 썼다고 느끼기 쉬워요. 그러니 진심으로 재밌게 쓸 수 있는 주제를 생각해 보세요.

마지막으로 하버드 입학이 능력주의에만 입각한 과정은 아니라고 말하고 싶어요. 제가 쉽게 합격한 것처럼 보인다면 실제로 그랬기 때문이에요.

Q. 하버드에서 겪은 어려움은 무엇인가요?

아담 박_ 신입생이었을 때가 가장 힘들었어요. 재밌는 수업을 듣지 않았거든요. 고등학교를 다시 반복하는 것 같은 느낌이 들었어요. 대학에 와보니 모두가 달리고 있는 느낌이었어요. 누가 뛰라고 하지 않아도 다들 뛰는 걸 보면 뛰지 않을 수 없잖아요.

모두를 따라잡으려면 제 한계에 도전해야 한다고 생각했기 때문에 힘들었어요. 응용 수학 전공으로 대학을 시작했지만, 수업을 들으면서 패배감을 많이 느꼈어요. 처음부터 어려운 수업을 선택한 게 패착이었죠.

그래서 중간고사 전에 수업 듣기를 그만뒀어요. 시험이 너무 어려우니까 관심도 안 생기더라고요. 첫해가 지난 뒤 여름에 사회학 세미나 계통의 책들을 읽었어요. 몇몇 수업과 관련된 책을 읽었는데 정말로 재밌었어요. 그러다 결국 철학을 전공하기로 했어요. 《인피니트 제스트》라는 책을 읽었는데 사회 문제를 철학적인 관점에서 다루는 방식이 마음에 들었거든요. 하버드 입학 에세이에서도 이 책에 대해 썼을 정도로요.

이제는 제가 왜 철학을 전공했는지 이해가 돼요. 저는 항상 토론, 논쟁, 논의를 좋아했어요. 부모님 두 분 다 변호사시다 보니 논쟁에서 절대 이길 수 없었거든요. 지금까지도 말이죠. 그래서 저는 혼자 방에 앉아 부모님께 어떻게 반박할 수 있을지 곰곰이 생각하며 많은 시간을 보냈어요. 아직은 성공하지 못했지만 언젠가 한 번쯤은 이길 수 있을지도 모르잖아요?

Q. 하버드 교육의 가장 훌륭한 가치는 무엇이라고 생각하나요?

아담 박_ 하버드에서 만나는 사람들이죠. 가장 좋은 방법은 똑똑하고 흥미로운 사람들을 최대한 많이 찾아내서 계속 대화하는 거예요. 친구들과 어울리면서 느꼈는데, 얘기를 나눈 모든 이들이 언젠가 성공할 거 같았어요. 하버드 캠퍼스에 온 첫날 밤에 나눈 대화가 정말 최고였어요. 새벽 4시까지 친구와 쉬지 않고 모든 걸 얘기했죠. 제 아이디어를 적어둔 공책까지 보여줬고, 친구도 비슷한 공책이 있다는 것을 알게 됐죠. 우리는 그날 밤 룸메이트이자 미래의 사업 파트너가 되기로 약속했어요. 한동안 그 친구와 함께 지냈는데, 그 친구가 성공할 거란 건 의심의 여지가 없었어요. 이미 엄청 성공한 친구거든요. 둘 다 응용 수학 전공이었는데 그 친구는 이제 사모펀드의 통계 전문가가 됐죠. 우리는 자본주의가 불가피하다고 믿었기 때문에 해야 할 일들에 대해 많은 얘기를 나눴어요. 그리고 부를 쌓아서 경제적으로 자유로워질 방법에 대해서도 논의했죠. 저는 부모님이 노력하신 산물이고, 여전히 부모님 덕분에 경제적으로 자유로워요.

Q. 현재 하는 일과 앞으로의 계획은요?

아담 박_ 현재 워싱턴 D.C.에 기반을 둔 싱크탱크인 국제전략문제 연구소(CSIS)에서 일하고 있어요. 하버드 케네디 스쿨의 벨퍼 센터 개발 센터의 프로젝트를 담당하는 존 박 박사와 함께 일하고 있고, 동시에 캘리포니아에 있는 벤처 캐피털 회사의 연구 프로젝트를 진행하고 있어요. 추가로 하버드 컴퓨터 소사이어티 인큐베이션 프로그램의 일원으로 룸메이트와 함께 스타트업 기업을 진행하고 있어요. 확실히 바쁜 시기긴 해요. 미래에는 기업가가 되어 저만의 스타트업 기업을 만들고 싶어요. 언젠가 작가가 될 수도 있을 것 같고요. 대학원에 진학하는 것도 또 다른 선택지겠죠. 하버드에서 지금까지 만난 많은 학생 중 저보다 똑똑한 학생들도 있고 그렇지 않은 학생들도 있었어요. 건방지게 들릴 수 있지만, 제가 강조하고 싶은 점은 꿈의 학교에 들어간다고 끝이 아니라는 거예요.

고등학교에서 제가 알던 가장 똑똑했던 아이들은 주립 대학에 갔다가 지금은 수백만 달러 가치의 스타트업을 운영하고 있죠. 재능을 알고 있었기 때문에 놀랍지 않아요.

하버드에서 만난 가장 똑똑한 학생 중 한 명은 항상 밤 10시에 자고 수업에는 아예 가지도 않았어요. 그 친구는 종일 책만 읽었죠. 저한테는 수업에 가지 않으면 더 많은 것을 배울 수 있다고 했어요. 그 당시에는 미친 소리처럼 들렸지만 그 친구는 지금 스탠퍼드 대학원에서 통계를 전공하고 있어요. 미래에 성공하려면 자신만의 리듬과 페이스를 찾는 방법을 알아야 한다는 걸 보여주는 전형적인 사례예요.

과외 활동 및 수상 경력

- 얼티밋 프리스비
- 사이언스 볼
- 물리학 올림픽
- 전국 AP 학생(National AP Scholar)
- 전국 메릿 장학금 최종 후보 (장학금 수상)

사색가
&
K-드라마 번역가

임우진

어릴 때부터 여러 분야에 호기심이 많고 영화와 책, 판타지를 통해 상상력을 키운 우진은 자신이 하고 싶은 분야가 생긴다면 최선을 다했다. 부모님은 그런 그녀를 적극적으로 지지했지만, 그 이면에는 타당한 근거를 바탕으로 부모님을 설득한 우진의 노력이 있었다. 입시 과정에서 여러 멘토들에게 조언을 받은 그녀는 대학은 최종 목표가 아니기에 대학에 얽매이지 말고 자신이 하고 싶은 일에 따라 대학을 고르라는 말을 가장 중요한 조언으로 여겼다. 우진이 뽑은 하버드 교육에서 가장 가치 있는 점은 사람들이었다. 세계 최고 교수들의 사고 과정을 엿보는 것만으로도 많은 것을 배울 수 있다고 한다.

부모님들이 기억할 포인트

1. 어느날 갑자기 자녀가 뜬금없이 해보고 싶다고 한 일이 있지 않나요? 금전적으로 부담스러운 일일 수도 있고, 아이가 그다지 진득하게 파고들 만한 일이 아닌 것 같을 수도 있죠. 그럴 땐 무조건 '안돼'라고 바로 말하기보다는 아이가 '왜' 하고 싶은지 고민하게 만들어 주세요. 만일 실제로 해보고 아이가 빠르게 포기한다고 해도 탓하거나 혼내지 말아 주세요. 무슨 일이든 하기 전까지는 자신한테 맞는 일인지 아닌지 알 수 없고, 짧게 했다 하더라도 다양한 경험은 자녀의 적성을 찾아가는 과정이며 동시에 자녀의 시야를 넓혀줍니다.

2. 자녀가 좋은 대학에 들어가기 위해 모든 면에서 완벽할 필요는 없습니다. 자녀가 좋아하는 한 분야가 있다면 그게 '장래가 촉망받는' 분야가 아니더라도 명문 대학에서는 인재로 뽑아줄 테니까요.

Q. 고향은 어디고 어떤 학교에 다녔나요?

임우진_ 대한민국과 캐나다의 밴쿠버요. 제 뿌리는 한국이에요. 서
울에서 태어나 다섯 살 때 밴쿠버로 이주한 뒤, 어린 시절과 청소
년 시절을 대부분 캐나다에서 보냈죠. K-드라마와 한국 TV쇼에
깊이 빠져 있고, 하버드 캠퍼스의 한국 커뮤니티에서도 활발히 활
동하고 있어요. 학교는 캐나다 서리 시에 있는 프레이저 하이츠
중등학교를 다녔고 2018년에 졸업했고요. 고등학교 재학 중 사이
먼 프레이저 대학교(Simon Fraser University)에서 동시 수업을 들었습
니다. 정치와 정부학 개론, 글로벌 정의 철학, 현대 세계 문학을 수
강했어요. 하버드에서 전공은 철학, 부전공은 정부학을 했고 2022
년 졸업반이에요.

**Q. 나만의 특이한 점은 무엇인가요? 나만의 독특한 개성은 뭐라고 생
각하나요?**

임우진_ 철학 전공자로서 메타적 관점을 취하려고 노력하고 다양
한 관점에서 사물을 분석하는 것을 좋아해요.

Q. 어렸을 때는 어떤 아이였나요? 어릴 적 관심사는 뭔가요?

임우진_ 항상 호기심이 많았어요. 다양한 것에 관심이 있었고 하나하나 열심히 파고들었죠. 각 활동의 장점과 가치를 이해하고 자신에 대해 더 깊이 이해하려고 노력했어요. 특히 영화 보는 것과 판타지 세계에 빠져들기를 좋아했어요. 여름방학이 되면 하루에 영화 한 편과 책 한 권을 봤어요.

책과 영화에서 탐구하는 난해하고 추상적인 개념들을 정말 좋아했어요. 대학 입학 에세이도 퍼즐을 주제로 썼어요. 해결 가능한 퍼즐과 해결 불가능한 퍼즐에 대해서 말이에요. 어떤 문제들은 직소 퍼즐 같아요. 명확한 답 하나가 보이니 쉽게 해결할 수 있는 퍼즐이죠. 다른 유형의 퍼즐은 답이 없고 흑백으로 명확하게 갈리지 않아요. 영화 속 퍼즐은 시청자에게 등장인물들이 겪는 어려운 윤리적 또는 철학적 질문을 엿볼 수 있게 하는데요. 이러한 영화와 책은 명확한 해결책을 제시하기보다는 살아가면서 고군분투하고 끊임없이 씨름해야 하는 더 많은 질문과 문제로 이끌어요. 앨리스가 들어간 토끼굴처럼요.

결국, 제가 배운 것은, 적어도 입학 에세이에서 썼던 것은, 항상 문제를 해결하려고 직소 퍼즐을 푸는 것은 아니란 점이죠. 결말을 내는 게 목적이 아니었어요. 퍼즐을 완성하고 나면 그 경이로움은 사라지니까요. 즐거움은 완성되지 않은 것을 좇는 데 있거든요.

Q. 하버드에 진학할 때 부모님은 얼마나 관여했나요? 어떻게 도우셨나요?

임우진_ 부모님은 한국에서 캐나다 밴쿠버로 이민 오셨어요. 제가 고작 다섯 살 때 일이었죠. 제가 외동이라 그런지 부모님은 제가 하고 싶은 일을 열렬히 지지해 주셨어요. 물론 제가 열심히 노력한다는 전제 하에서요.

한번은 여름에 멕시코의 빈곤한 지역 사회를 돕기 위해 작은 마을로 자원봉사를 갔어요. 또 다른 해 여름에는 영화감독 일에 제가 얼마나 열정적인지 알아보려고 영화 학교에 다녔고요. 처음에는 부모님도 제가 이 분야를 진심으로 파고들려는 건지 의심하셨지만, 제 선택의 타당성을 설득했죠. 그 이후로 부모님은 저를 지지해 주셨고, 금전적 지원은 물론 매일 저를 데려다주는 일까지 모든 것을 도와주셨어요. 차로 데려다주는 일은 많은 시간과 노력이 필요해서 제 아이들한테 제가 그렇게 해줄 수 있을지는 잘 모르겠어요. 부모님은 정말 제 옆에 꼭 붙어서 도와주셨지만, 동시에 숨 쉴 공간도 주셔서 제가 갈 길과 관심 분야를 고를 수 있었어요. 다행히도 이러한 다양한 경험과 부모님의 지원이 제 정체성에 크게 기여했죠.

부모님은 학업과 관련해서 흥미로운 수업이나 기회를 찾도록 도움을 주셨고, SAT와 같은 시험을 치르도록 엄청 등을 떠미셨어요. 제 본질은 글쟁이라 다지선다형 시험은 잘 안 맞거든요. 그래도 돌이켜 보면 그런 부모님의 행동에 대해 감사하게 생각하고 있어요.

Q. 하버드를 준비하면서 가장 기억에 남는 일은 무엇이고, 뜻밖의 경험은 무엇이었나요?

임우진_ 입시 과정 내내 여러 놀라운 멘토들한테 조언을 받았어요. 고등학교 울타리를 넘고 주변의 기회에만 얽매이지 말고, 더 많은 것을 탐구하고 더 큰 목표를 향해 노력해야 한다는 조언을 받은 적이 있어요. 이로 인해 하버드 같은 좋은 학교에 들어가는 것보다 더 중요한 점은 자신이 누구인지, 나중에 무엇을 하고 싶은지에 대해 더 잘 이해해야 한다는 걸 깨달았어요. 하버드 학위는 인증서나 다름없으니 교육과 경력에 많은 혜택이 있겠죠. 하지만 그게 최종 목표가 되어서는 안 된다는 뜻이에요.

돌이켜 보면, 제 가능성을 성급하게 재단하지 않아서 다행이에요. 여러 경험을 쌓고 세상에 눈을 뜨면 어떤 산업과 기회가 있는지 배우게 된다는 사실을 알게 됐죠. 캐나다인으로서 저는 항상 해외로 나가고 싶었어요. 밴쿠버는 작은 도시였거든요. 우리 고등학교는 과학 과목에 경쟁력이 있었어요. 이 프로그램을 사이언스 아카데미(Science Academy)라고 불렀는데, 학생들은 2년 동안 정규 학업과 함께 대학 과정을 수강하여 과학과 수학 분야의 진도를 빠르게 뺄 수 있었죠. 고1 때 저는 일종의 갈림길에 서 있었어요. 동급생들 대부분이 이 프로그램에 등록했거든요. 과학에 그렇게 큰 관심이 없는 애들조차 말이죠. 저는 결정을 내리기 어려웠어요. 과학이나 순수 예술보다는 사회과학을 더 좋아했기 때문이죠. 결국, 저는 이 프로그램에 등록하지 않기로 하고 흔히 말하는 '전통적인 경로'에서 벗어나기로 했어요. 대신 예술사, 미국사, 유럽사 같은 AP 과목들을 독학하기로 했죠. 고등학교에는 없는 과목이었거든요. 직접 책을 사서 밤에 자료를 훑어보며 스스로 공부했어요. 하지만 즐거웠어요. 애초에 싫어했다면 아예 하지도 않았을 거예요.

그러다가 고등학교에 없는 과목을 대학에서 무료로 들을 수 있다는 걸 알게 됐어요. 그래서 대학에 연락해 프로그램에 무료로 등록할 수 있었죠. 이 프로그램은 상위권 고등학생이면 누구에게나 열려 있기 때문에 대학에서 추가 수업을 들을 수 있었죠. 글로벌 사법학, 현대 세계 문학, 정책 및 정부학 개론을 수강했고요. 정말 좋아하는 과목들이었어요. 어떤 의미에서는 '전통적인 경로'였지만 제가 직접 그 경로를 개척한 셈이죠.

Q. **후배들을 위해 공부 팁을 준다면?**

임우진_ 저는 공부할 때 무지 노트를 사용해요. 그럼 한 페이지 안에서 어디든 자유롭게 쓸 수 있죠. 가끔 줄 공책이나 특정한 노트 작성 방식을 보면 틀에 갇혀 있다는 느낌이 들어요. 굉장히 제한적이죠. 무지 노트를 쓰면 아이디어를 정리하는 방식이 고정되어 있지 않죠. 여기에는 다이어그램을 그리고, 저기에는 차트를 그리고, 여기저기 선을 그을 수 있으니까요.

작은 팁이 또 있어요! 교과서에 밑줄을 긋거나 형광펜을 쓰는 대신, 저는 포스트잇을 많이 사용해요. 책을 처음 읽을 때는 뉘앙스를 많이 놓칠 수 있어요. 책을 다시 읽으려고 할 때 밑줄 그은 부분이 있다면 영구적으로 표시된 그 부분이 두 번째, 다섯 번째, 일곱 번째 읽을 때의 해석에도 영향을 미치거든요. 포스트잇에 노트를 적으면 다시 읽어볼 때 책을 새것처럼 읽을 수 있어요. 저는 포스트잇을 대학 기숙사, 옷장 등 여러 곳에 붙여두는 편이에요. 할 일 목록, 작업, 또는 계획을 적어두면 기억이 나거든요. 포스트잇은 특히 에세이를 쓸 때 구조를 재배치할 수 있어서 유용해요.

일상에 대해서라면 열심히 일하고 열심히 놀라는 말을 하고 싶네요. 즐길 때는 즐기고, 쉬어야 할 때는 쉬세요. 대학 입시 과정이나 인생에서 하는 일을 너무 심각하게 받아들이지 마세요. 생사를 가르는 문제도 아닌걸요. 무엇이 중요한지 결정하고 그 가치에 딱 붙으세요. 하버드에 들어가는 것 자체를 목표로 삼는 대신 자신의 가치를 따라가세요. 하버드를 최종 목표로 두지 말고 그 이상의 열정을 향해 가는 과정의 일부로 만드세요.

Q. 하버드에 입학할 수 있었던 나만의 'X요소'는 무엇일까요?

임우진 육각형 분석 차트로 비유하자면 관심 분야가 많고 뭐든지 잘하는 육각형 인재보다는 여기저기 튀어나와 있는 다각형 인재가 훨씬 눈에 띄어요. 입학 사정관이 생각할 때, 정말 멋지고 인상적이라고 생각하게 만드는 한두 가지 눈에 띄는 분야가 있어야 한다는 뜻이죠.

많은 이들에게 입시 과정은 변덕스럽게 보이죠. 담당자가 좋은 하루를 보냈거나, 점심이 마음에 들었거나, 기분이 좋은지 여부, 또는 집중이 잘 되는 시간에 걸렸느냐 등의 무작위 요소가 있을 수 있죠. 결국 그들도 인간이니까요.

하지만 제 입학 지원서를 돋보이게 만든 가장 중요한 요소는 추천사였다고 생각해요. 추천사 두 개를 잠깐 볼 기회가 있었는데 정말 놀랐어요. 추천사를 부탁한 사람들은 생각했던 것과는 전혀 다르게 저를 묘사했거든요. 그게 진짜라면 아마 저라도 합격시켰을 거예요! 제가 그렇게 다른 사람들 눈에 띄는지 몰랐어요.

Q. 하버드에서 힘들었던 점이 있다면?

임우진_ 진짜 어려웠던 점은 시간이 많은 환경에 적응하는 거였어요. 대학에 오니 자유 시간이 많았거든요. 내 시간을 자유롭게 계획할 수 있는 상황에 익숙하지가 않았어요. 전에는 자신을 어떻게 돌봐야 하는지 생각해 본 적도 없었거든요. 수업과 사교 활동 사이 남는 시간 중에 운동은 어디에 끼워 넣어야 할지 어떻게 알 수 있을까요? 대학생으로서 내 생활을 자유롭게 조절하는 일이 학업적, 사회적 측면보다 더 큰 어려움이었어요. 하버드는 생각보다 학업적으로는 힘들지 않아요.

Q. 하버드 교육의 가장 훌륭한 가치는 무엇이라고 생각하나요?

임우진_ 뻔한 얘기 같지만 정말로 중요한 것은 사람들이에요! 훌륭한 배경을 가진 데다 의욕도 엄청난 사람들이 잔뜩 모여 있는 곳도 드물죠. 교수진은 마치 록스타 같고, 하버드 학생이라면 누구나

이 록스타를 만나 이야기를 나눌 수 있는 VIP 패스를 가지고 있는 거나 다름없거든요. 교수님들 모두 전 세계적으로 유명한 분들이지만 캠퍼스에 있으면 얼굴 보기가 정말 쉽거든요. 그분들의 사고 과정을 직접 들어볼 수 있죠. 어깨너머로 보기만 해도 정말 놀라워요.

하버드는 학생들에게 영감을 줄 연사를 초대하는 데 상상도 못할 공을 들이죠. 하버드는 많은 예술가와 정치 지도자를 캠퍼스로 초대해요. 제가 가장 관심 있는 두 분야예요. 영화 〈올드보이〉의 감독도 만난 적 있고, 한국의 아이돌 에릭 남을 만난 적도 있어요. 유엔의 반기문 사무총장과도 얘기해 봤고요. 세 명의 대통령이 연달아 캠퍼스를 방문한 적도 있어요. 그래서 한번은 '또 대통령이야? 이번엔 안 가도 되겠다.'라고 농담을 하기도 했어요.

Q. 현재 하는 일과 앞으로의 계획은요?

임우진 고등학교 시절 모델, UN, NATO, 서밋 등 여러 관심 분야가 저를 법학, 정부학, 공공 서비스 분야로 이끌었어요. 여러 비영리 단체에서 일하고 외교 채널을 통해 일하면서 타협의 의미에 대해 더 많이 배웠고요. 지방의회 의장을 위해 일한 적이 있는데 정치의 실체를 직접 목격했죠. 지금은 유엔에서 일하고 있어요. 저의 가능성을 모두 탐구중이고, 이 모든 '점'들이 어디로 이어질지 숙고하고 있어요.

이제는 제 대학 생활도 끝자락에 다다르고 있어요. 지금의 제 가치관은 무엇이고, 어떤 식으로 변했는지 생각해보고 있죠. 인생의 비전이 뭔지, 인생에서 무엇을 얻으려 하는지, 임종 직전 인생을 되돌아보았을 때 살 만한 가치가 있었다는 생각이 들 만한 빛나는 순간들은 무엇일지 말이에요.

단순히 브랜드 가치의 명성만을 따지지 않는 경력을 쌓아가며 경제적으로 어떻게 해야 할지 계획을 세우고 있어요. 큰 고민거리도 있어요. 저만의 자유로운 성향을 잃지 않을 삶의 균형과 타협점을 찾는 고민이죠. 내년에는 1년 정도 휴학할 수 있기를 바라고 있어요. 코로나19가 끝나고 상황이 나아진다면 여행도 좀 하고 한국도 가보고 싶어요.

과외 활동 및 수상 경력

- **법/모의재판 (법정 시뮬레이션)**
  사법 교육 협회(Justice Education Society)의 일환으로 캐나다 서부 최대의 모의재판 대회를 주 법원에서 조직했어요. 신입생 때 빅토리아에서 열린 주 모의재판 대회에서 최연소 우승자가 됐고요. 캐나다를 대표해 세계 일대일 모의재판 챔피언십에 참가했었어요. 게다가 잘못된 유죄 판결에 반대하는 로비 단체와 캐나다 변호사 협회를 위해 일했죠.

- **연설 및 토론/정치**
  캐나다 학생 토론 연맹의 전국 세미나에서 프랑스어 부문 전국 최고 토론자로서 총독 상을 받았어요. 브리티시 컬럼비아 주 의회에서 청소년 의원으로서 지역을 대표했고, 지역 의장을 위해 자원봉사를 했어요. 또한, 전국 대회에서 경쟁하며 수상하고, 어린 학생들을 코치하고, 수많은 국제 대회에서 심사를 맡았었죠.

- **모의 유엔/모의 나토**
  전 대학생 및 해군 장교들과 함께 글로벌 모의 나토 정상 회담에 참가하여 수상한 세 명의 고등학생 중 한 명이었어요. 캐나다에서 가장 큰 주말 모의 유엔 회의에서 위원장을 맡았고요.

- **봉사활동 (프레이저 하이츠 중등학교)**
  학교 전체 모임, 커피하우스 나이트 및 장기 자랑에서 사회를 보고, '법학 12' 및 '사회 정의 12'에서 동급생들의 과외를 해줬으며, 학교 잡지에 시를 기고하고 전국 시 낭송 대회에 참가했었어요. 사회과학 과목 홍보 비디오를 제작하고, 시니어 레크리에이션 리더십의 일환으로 피구 동아리를 계획하고 방과 후 농구, 배구 및 배드민턴 경기를 기록했어요.

- **그 외 취미**
- **바이올린 (오케스트라 및 앙상블; 결혼식 및 교회 예배에서 공연)**
- **태권도 (검은 띠)**
- **스노보드**

- 영화 제작
- 시 쓰기
- 교회 자원봉사 및 선교 여행
- 한국 드라마를 영어로 번역
- 졸업 당시 최고 성적 기록. 캐나다 총독 학업 메달을 수상
- 2018년 졸업식에서 수석 졸업 및 졸업 연설
- 2년 연속 올해의 파이어 호크 선정 (2017년, 2018년)
- 전국 AP 스칼라상(National AP Scholar)(2017년)
- 교장 우등상(Principal's Honor Roll) 4.0 GPA (2014-2018)
- 사회과학 최우수 학생 사회과학 부문 상 수상 (2017년)
- 영어 부문 최우수 학생으로 영어 부문 상 수상 (2017년)
- 서비스 및 리더십 교장상 (2018년)
- 학부모 자문위원회 장학금 (2018년)

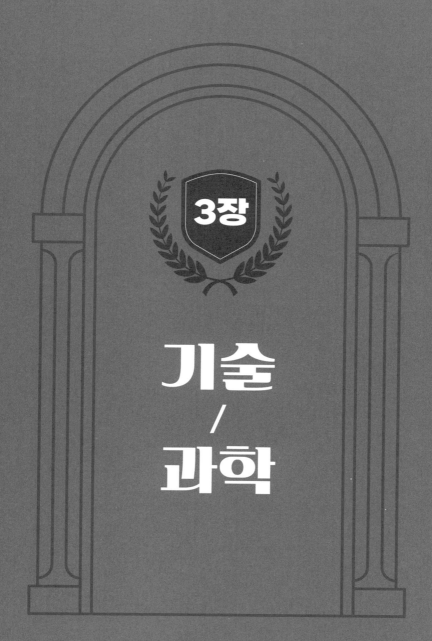

3장

기술
/
과학

발명가 & 실험가

애나벨 초

어린 시절부터 애나벨은 과학에 대한 호기심이 많았다. 특히 실생활과 현실에서 겪는 문제에 관심이 많았던 그녀는 고교에서는 과학 프로젝트를 이끌고, 하버드에서 생명공학과 컴퓨터 과학을 접목해 여러 방면의 문제를 개선하기 위한 독창적인 길을 개척했다. 애나벨은 단순히 학업에만 집중하지 않았다. 학생회, 오케스트라, 자원봉사까지 여러 가지 활동을 하며 스트레스를 해소했다. 어릴 때부터 하버드를 목표로 했던 애나벨은 꿈에 그리던 학교의 가장 가치 있는 점을 사람들로 꼽았다. 무기력할 때도 열정적인 사람들 사이에 있다면 동기 부여가 됐고, 학생들은 서로의 목표를 위해 기꺼이 돕는 협력적인 관계라고 평했다.

부모님들이 기억할 포인트

1. 아이가 과학에 호기심을 갖고 끊임없이 질문하거나, 일상 문제를 개선하려고 이미 있는 물건을 몇 번이고 스스로 발명한다고 부산스럽게 군다면 귀찮을 수도 있어요. 하지만 과학에 대한 재능과 관심의 표현이기도 하니까 자녀와 같이 답을 찾거나 스스로 알아가는 방법을 찾도록 도와주세요.

2. 밥만 먹고 하루 16시간씩 공부만 한다면 번아웃이 올 수도 있어요. 공놀이, 독서, 태권도나 검도, 동아리 모임 등 여러 가지 활동과 일상의 즐거움도 잊지 않게 도와주세요.

Q. 고향은 어디고 어떤 학교에 다녔나요?

애나벨 초_ 미국 미네소타주 엑셀시어에서 자랐어요. 하버드에서는 생명공학 및 컴퓨터 과학을 전공했고 2023년 졸업반이에요.

Q. 나만의 특이한 점은 무엇인가요? 나만의 독특한 개성은 뭐라고 생각하나요?

애나벨 초_ 친구들에게 물어보면 제가 기회만 되면 아재 개그를 한다고 할 거예요. 공부하기 싫을 때마다 커스터드 찐빵을 정기적으로 굽고, 하루에 커피를 석 잔 마시며, 오늘의 할 일을 불렛 저널로 만드는 걸 좋아해요!

Q. 어렸을 때는 어떤 아이였나요? 어릴 적 관심사는 뭔가요?

애나벨 초_ 어릴 때는 말이 거의 없고 내성적인 아이였어요. 낯선 사람이 인사하면 엄마 뒤에 숨곤 했죠. 그러다 초등학교 때쯤인가, 엄마가 저에게 자신감을 키워주겠다고 연극 캠프에 등록해 주셨어요. 와, 정말 효과가 좋더라고요. 그 후로는 쉬지 않고 말했거든요. 궁금한 게 생기면 부모님께 뭐든지 물어보고, 학교에서 잘 모르는 반 친구에게도 먼저 다가가서 오늘 어땠는지 묻기도 했어요. 집에서는 행복함을 표현하려고 노래하고 춤을 췄고요. 그 캠프 이후 180도 변해 버렸죠.

말을 많이 하지 않을 때는 무언가를 만들거나 이미 발명된 물건을 재창조하는 걸 정말 좋아했어요. 크리스마스 즈음이 생일이어서 친척들도 생일 때마다 과학 실험 키트를 사주곤 했어요. 하나를 끝낼 때마다 무언가를 완성하고 작동시켰다는 걸 부모님께 보여주는 것만으로도 정말 신났죠. 키트 중에 물로 전기를 전도하는 회로를 만든 게 기억나네요. 어느 날 작은 팬을 만든 적이 있어요. 팬에 연결된 전선을 싱크대에 넣자 팬이 돌아가는 걸 엄마한테 자랑스럽게 보여드렸죠. 이런 자잘한 걸 만드는 일이 정말 멋지다고 생각했어요. 실제로 이미 해결된 문제를 제가 다시 해결하고 있었으니까요. 집을 나서기 전에 가족들은 항상 열쇠, 지갑 등을 챙기느라 애를 먹었어요. 그래서 어린 저는 작고 끈끈한 종이에 메모를 적어 벽 같은 곳에 붙이는 아이디어를 떠올렸죠. 전 이미 그게 발명됐는지 몰랐어요. 당시에는 제가 처음으로 그런 발명을 생각해냈다고 믿었다니까요. 그 이후로도 저는 일상적인 문제를 해결할 방법을 찾는 일을 멈추지 않았죠. 포스트잇을 제가 처음 발명하지 못한 건 아직도 조금 실망스럽기는 해요. 반쯤은 농담이에요.

Q. 하버드에 진학할 때 부모님은 얼마나 관여했나요? 어떻게 도우셨나요?

애나벨 초_ 어릴 때 부모님과 차를 타고 가면서 '왜 달이 우리를 계속 따라오는 거예요?'라고 물은 적이 있어요. 하지만 부모님께 바보 같은 질문이란 없었죠. 한 분은 교사고 다른 분은 과학자셨기 때문에 제가 이해할 수 있는 방식으로 모든 질문에 답해 주셨어요. 부모님이 정말 존경스러웠던 점은 당신들께서 답을 모를 때는 직접 연구하고 답을 찾아내서 설명해 주시기까지 하셨다는 사실이에요. 부모님은 아무리 바빠도 제 세상을 지식으로 채우기 위해 항상 시간을 내주셨죠.

돌이켜 보면 부모님은 저에게 인내심을 갖고 대해 주셨어요. 자라면서 정말 다양한 것에 관심이 생겼거든요. 갑자기 학교 스키부에 가입하기로 했을 때도 부모님은 아무것도 묻지 않고 필요한 스키를 사주셨어요. 학교 학생회에 출마했을 때는 기꺼이 캠페인 티셔츠와 포스터를 디자인하는 것도 도와주셨고요. 중고생 때는 우등생도 아니었지만 좋아하는 걸 찾기 위해 가능한 많은 활동과 취미를 시도하려는 야망이 있었고, 부모님은 저의 야망을 100% 지원해 주셨어요.

고등학교 후반기에 접어들면서 큰 시험이 다가올 때마다 스트레스를 받고 불안감이 생겼는데요. 시험 전날 밤에는 잠도 잘 못 잤어요. 스스로 엄청난 부담을 가지다 보니 긴장했거든요. 시험 전날 밤, 부모님은 제 책상 옆에서 또 침대 옆에서 절 진정시켜 주려고 하셨어요. 가끔씩 좋아하는 음식을 만들어 주시기도 했죠. 제가 입이 좀 짧거든요. 새로운 음식을 시도하는 걸 좋아하지 않아요. 그러니 좋아하는 음식은 공부하는 내내 저의 심리적 안전망이 되어 주었죠. 부모님은 제가 잠들 때까지 방에 머물러 주셨어요. 두 살 많은 오빠도 저의 가장 큰 팬이자 동기 부여가였어요. 제가 무엇이든 할 수 있고 이룰 수 있다고 믿어 줬거든요. 크로스컨트리 스키부에 도전해보고 싶다고 부모님께 말씀드렸을 때도 그랬어요. 지구력이 많이 필요한 스포츠다 보니 부모님은 제가 너무 지쳐서 오히려 건강을 해칠까 걱정하셨죠. 하지만 오빠가 나서서 제 편을 들어줬어요. 저도 크로스컨트리를 할 힘과 지구력을 키우는 법을 배울 수 있다고 말해줬죠. 제 가족이 제가 좋아하는 일을 할 수 있을지 의심하거나 하지 말라고 한 기억은 거의 없어요. 그래서 대학 입시가 다가왔을 때도 제가 무엇에 열정이 있는지 자신 있게 표현할 수 있었어요. 가족들에게서 긍정적인 지지를 많이 받았으니까요.

Q. 하버드를 준비하면서 가장 기억에 남는 일은 무엇이고, 뜻밖의 경험은 무엇이었나요?

애나벨 초_ 솔직히 믿지 못하시겠지만 전 여덟 살 때부터 하버드를 준비했어요. 따지고 보면 그렇다는 거죠. 어느 날 밤, 부모님께 세계에서 가장 좋은 학교가 어디냐고 물었더니 부모님은 망설임 없이 하버드라고 대답하셨어요. 그래서 인터넷에서 하버드 입학 원서를 찾아 인쇄해서 벽에 붙이고 꼭 이 학교에 들어갈 거라고 농담 반 진담 반으로 선언했었죠. 그 나이엔 무엇이든 할 수 있다고 믿고 자기가 무적이라고 여기잖아요. 아직도 부모님은 제가 2008년에 인쇄한 그 입학 원서를 보관하고 계세요. 초등학생이 벌써 대학을 생각한다는 게 귀엽다고 생각하셨대요. 재밌는 건, 고등학교 3학년이 됐을 때는 정반대의 감정을 가지게 됐어요. 명문 대학에 지원할 자격이 과연 나에게 있는지 의심하기 시작했죠. 그래서 합격하고 정말 놀랐어요.

고등학교 때는 절대 못 해볼 일이 있는데요. 학기 중에 여행을 많이 다니는 거요. 대학에 들어와서 DECA라는 동아리에 들어갔는데 디즈니 월드 같은 곳으로 일주일 동안 여행을 가기 위해 경쟁하는 비즈니스 지향 동아리였죠. 저는 몇 달 전부터 일정을 조율하고, 떠나는 주에 모든 과제를 제때 완료할 수 있게 준비했기 때문에 여행을 갈 수 있었어요. 교실 밖 경험에서 큰 가치를 발견했고요. 여행을 가도 수업에 뒤처지지 않으려면 세 배의 노력이 필요했지만, 시간을 잘 관리하면 다 가능하고, 이렇게 한 사람으로서 성장할 수 있다는 사실을 알게 됐어요.

Q. 후배들을 위해 공부 팁을 준다면?

애나벨 초_ 완벽한 성적을 유지하는 게 장기적으로 도움이 되지 않는다는 것을 깨닫기 전까지는 만점을 받지 않으면 좋은 대학에 들어갈 수 없다고 생각했어요. 하지만 완벽한 학생이 되기 위해 모든 에너지를 쏟는 대신 좋아하는 일에 집중하고 에너지를 일부 할애하면 불필요한 스트레스를 많이 줄일 수 있다는 것을 깨달았죠. 아버지는 항상 저의 시간이 아버지의 시간보다 훨씬 더 가치가 있다고 말씀하셨어요. 저는 주변 사람들에게 영향을 미치고, 자신에게 맞는 길을 찾을 수 있는 결정적인 순간에 있기 때문이라고 하셨죠. 뻔한 말이지만 제가 배운 가장 중요한 교훈은 실패도 해봐야 한다는 거예요. 자신에 대해 배우고 발전하기 위해서는 실패를 해봐야 하죠. 그것도 아주 많이요. 친구들과 PSAT 준비를 할 때 친구들은 모두 내셔널 메릿 장학금을 받았어요. 저만 빼고요. 그때는 세상이 다 끝난 것 같았는데 오히려 더 열심히 노력하게 됐고 그 에너지를 가지고 제가 잘하거나 자연스럽게 끌리는 분야에 집중하게 됐어요. 제가 친구들 중 가장 공부를 잘하는 학생이 아니라는 점을 받아들였고, 노력해서 긍정적인 변화를 만들 수 있다는 사실도 받아들였어요.

Q. **하버드에 입학할 수 있었던 나만의 'X요소'는 무엇일까요?**

애나벨 초_ 분명히 면접이었을 거예요. 사실 면접 중에 제 입학 파일을 볼 기회가 있었는데요. 하버드는 면접관이 어떤 평가를 했는지 학생들이 확인할 수 있어요, 지원서에 작성된 코멘트도 볼 수 있도록 해줘요. 웃긴 건 제 지원서에 적힌 대부분의 코멘트는 부정적이었어요. '고등학교 4년 내내 스포츠를 하지 않았다.', '만점 맞은 시험이 없다.', 'GPA가 만점이 아니다.' 그런 식으로 쭉 적혀 있더라고요. 그런데 마지막 코멘트에는 면접관이 지금까지 만난 수많은 유망전도한 학생 중 제가 가장 좋은 면접 대상자였다고 적혀 있었어요. 그날 면접관은 한 시간 늦었고, 저는 마치 심판의 날이라도 맞이한 것처럼 초조하게 기다리고 있었어요. 막상 면접관이 도착하고 대화를 시작하니까 편안해졌죠. 어릴 때부터 감정과 생각을 솔직하게 표현해왔다는 이야기를 했어요. 아마 제 태도에서 자신감이 드러났던 것 같아요. 면접에서 자신을 정직하게 표현한 것이 하버드에 합격한 비결인 셈이죠.

Q. 하버드에서 힘들었던 점이 있다면?

애나벨 초_ 하버드 캠퍼스에 도착하고 나서 마음을 정리하는 데 많은 시간을 보내야 했어요. 일주일 이상 집을 떠난 적이 없다 보니 가족들의 지지가 없다는 사실이 처음에는 정말 이상하게 느껴졌어요. 나중에는 저를 지지해 줄 친구들을 사귀게 되었지만요. 하지만 첫해에는 조금이라도 힘든 일을 겪으면, 그러니까 간단한 퀴즈에서 성적이 좋지 않았다든가 하면 바로 '나는 하버드에 다닐 자격이 없나 보다.' 판단하곤 했어요. 정신 차리라고 하면서 당연히 제가 하버드에 어울린다고 말해줄 가족이 제 곁에 없었죠.

하버드 학생들이 '가면 증후군'에 대해 얘기하는 걸 많이 듣게 되는데요. 자신이 주변 사람들보다 덜 똑똑하고 모든 면에서 덜 뛰어난 것처럼 느끼는 증상이라고 해요. 동아리에서 한 가지 역할에 지원했는데 슈퍼스타급 학생들 수십 명이 같이 지원하니까 제가 될 가능성은 전혀 없다고 생각했죠. 하지만 결국 그 역할은 제가 따냈어요. 이렇게 작은 성과 하나하나가 모여서 가면 증후군을 극복하는 데 도움이 됐어요. 어떤 학교에 가든 입학 사정관, 가족, 친구들 모두 당신이 그 자리에 있을 자격이 있다고 믿기 때문에 당신이 그 학교에 다니는 거예요. 사실 그건 자신이 직접 깨닫는 게 가장 중요하죠.

Q. **하버드 교육의 가장 훌륭한 가치는 무엇이라고 생각하나요?**

애나벨 초_ 놀랍게도 공부가 아니라 사람들이요. 때로는 진퇴양난에 빠져 아무것도 할 수 없을 것처럼 무기력감을 느낄 때가 있어요. 그러다 룸메이트나 친구들이 제 방에 들러 인사를 건넬 때가 있는데, 캠퍼스에서 일어나는 일, 자기가 배운 주제를 얘기하면서 엄청 신이 나 있죠. 이런 긍정적인 분위기에 기분이 풀리면서 다시 의욕을 찾게 돼요. 모두 자신의 관심사에 열정을 불태우는 덕분에 다른 사람들도 덩달아 같이 신나지는 환경. 그런 경험은 두 번 다시 없을 거예요.

고등학교와 달리 아무도 시험 성적을 비교하지 않아요. 자기 성적이 어땠는지 얘기하면서 저랑 비교하는 사람은 한 명도 없었어요. 하버드 입시 면접에서 면접관이 학생 공동체가 경쟁적인지 협력적인지 물었던 게 기억나요. 다들 살벌하게 경쟁할까 봐 걱정했거든요. 실제로는 그렇지 않았지만요. 제 친구들과 같은 강의를 듣는 친구들 모두 제가 필요할 때마다 항상 도와줬고 목표를 이루도록 항상 격려해 줬어요.

Q. 현재 하는 일과 앞으로의 계획은요?

애나벨 초_ 하버드로 다시 돌아갈 계획이에요. 지금은 메드트로닉이라는 생체의료 기기 회사에서 인턴으로 일하고 있어요. 인턴 업무가 많지만, 회사 내 다양한 사람들과 소통하고, 얘기도 나누고, 질문도 나누고, 사람들의 삶을 알아가는 게 정말 보람 있어요. 그 외에도 매사추세츠 종합병원에서 하버드 의대와 공동 연구 작업을 하고 있어요. 이미지 데이터 분석만 조금 하는 수준이지만, 그래도 이 연구실에 들어올 기회를 얻어서 정말 기뻐요. 연구실의 모두가 뭐든 배워가는 게 우선순위인 사람들이라서요.

미래에는 정확히 어떤 길을 걸어야 할지 아직 모르겠어요. 생물공학과 관련된 일을 하고 싶지만 경영 쪽에 더 관심이 가요. 실험실에서 세밀한 연구를 담당하는 과학자가 될 수는 없을 것 같아요. 생물공학이라도 프로젝트 기획이나 프로젝트 관리 쪽에 더 관심이 가거든요. 언젠가는 비즈니스 스쿨에 가고 싶어요. 앞으로 어떻게 할지 알아봐야 할 문제죠.

과외 활동 및 수상 경력

- 학생회
- DECA
- 연구
- 자원봉사 프로젝트 (Legacy 2019)
- 심포니 오케스트라
- 토론
- 사이언스 볼
- 과학 올림피아드
- 연극
- 크로스컨트리 스키
- 크로스컨트리 달리기
- 커피하우스에서의 음악 공연
- DECA 국제 대회 2019 상위 5위 결선 진출자
- 엠페러 사이언스 어워드(Emperor Science Award) 2018
- 전국 AP 학자 2018
- 전국 메릿 장학금 수상자 2018
- DECA 국제 대회 2018 상위 8위 결선 진출자
- DECA 주 대회 2018, 2위
- MN 클래식 토론 지역 대회 1위, 2위, 3위 입상 2016-2018
- 대통령 봉사상(Gold Presidential Volunteer Service Award) 2016-2019
- 전국 우등생 협회(Honors Society)
- 프랑스어 우등생 협회(Honors Society)
- 미네톤카 우등생 협회(Honors Society) 2017-2019

역사학자 / 컴퓨터 과학자 & 바이올린 거장

앨리사 킴

    앨리사는 어릴 때부터 음악에 전념하며 여러 악기를 통달한 후 바이올린에 집중했다. 컴퓨터 과학자로서 연구하거나 모의 UN에서 토론하는 등 다른 관심사를 쫓을 때조차 음악에 대한 열정이 자기 정체성의 중심이자 자기표현의 수단이었다. 그녀는 학업과 음악에 대한 열정을 균형 있게 유지했다. 완벽한 성적을 받진 않았지만 줄리어드 예비학교를 다니며 여러 음악 대회에서 상을 받은 앨리사의 열정을 하버드에서는 인정했고, 입학한 뒤로도 음악에 대한 열정을 이어가고 있다. 앨리사가 생각하는 하버드 교육에서 가장 가치 있는 점은 하버드 그 자체였다. 그녀는 수많은 사람들과 만나며 한층 성숙해질 수 있다고 한다.

1. 컴퓨터 과학을 전공하는 아이가 하루 종일 바이올린을 켜고 있더라도, 의대에 다니는 아이가 밤새 웹소설을 쓰고 있더라도, 그렇게 자녀가 진로와는 직접적 연관이 없어 보이는 자기만의 관심사에 푹 빠져 있더라도 그걸 지지해 주세요. 오히려 자녀가 노력과 끈기의 가치를 배우는 중일지도 모르니까요.

2. 컴퓨터과학도라고 해서 하루 24시간 컴퓨터만 바라보는 자녀에게는 오히려 칭찬보다 다른 취미를 제안해 주세요. 부모를 기쁘게 하기 위해 공부하는 아이가 되지 않도록 주의하세요. 진로와는 관련 없어 보이는 색다른 취미가 자녀에게 탐구와 성장의 기회를 줄 수 있습니다.

Q. 고향은 어디고 어떤 학교에 다녔나요?

앨리사 킴_ 미국 뉴저지주 리버 엣지에서 자랐어요. 원래는 뉴저지주 월링턴이라는 마을 출신이에요. 학교는 그리 좋지 않았어요. 주로 폴란드 이민자들이 많이 거주하고 있었죠. 그래서 어릴 땐 폴란드 친구들이 많았고, 영어를 사용하는 가정은 거의 없었어요. 그러던 중 리버 엣지로 이사해 초·중·고등학교를 다녔어요. 하버드에서는 역사와 컴퓨터 과학을 전공했고 2022년 졸업반이에요.

Q. 나만의 특이한 점은 무엇인가요? 나만의 독특한 개성은 뭐라고 생각하나요?

앨리사 킴_ 어릴 때부터 항상 낙천적이었어요. 스트레스가 많은 고등학교 환경에서도 언제나 재밌게 지내고 상황을 통제하는 방법을 찾았어요.

Q. 어렸을 때는 어떤 아이였나요? 어릴 적 관심사는 뭔가요?

앨리사 킴_ 어릴 때 학교에 가는 걸 좋아하고 모든 과목에서 최선을 다하는 학생이었어요. 경쟁심도 있었지만 너무 노골적이지는 않았고요. 가장 큰 관심사 중 하나는 음악이었는데 다양한 악기를 빨리 배워서 자신감을 키울 수 있었어요. 중고등학교 때는 바이올린 연주에 집중하게 됐어요. 그 전에는 여러 가지 악기를 배웠고 악기 연주를 정말 좋아했어요. 다양한 악기에 재능이 있다는 걸 깨달았거든요.

제 성격은 외향성과 내향성 그 사이 어딘가예요. 사회적 환경에서도 잘 지냈다고 생각하거든요. 어릴 때 텔레비전을 많이 보지 않았고, 대신 책을 많이 읽고 시간을 생산적으로 사용했죠.

Q. 하버드에 진학할 때 부모님은 얼마나 관여했나요? 어떻게 도우셨나요?

앨리사 킴_ 엄마는 항상 제가 어려워하는 과목을 듣도록 격려해 줬고, 레슨 일정과 바이올린 대회 일정도 전부 관리해 주셨어요. 그러면서도 매일 하는 일과도 잘 지킬 수 있도록 도와주셨고요. 엄마는 전업주부였기 때문에 지역 자원을 조사하고, 명문 학교에 입학할 방법을 찾아 읽을 시간이 있으셨죠. 엄마는 오빠의 대학 입시 과정을 겪으면서 많은 것을 배우셨어요. 그렇게 첫 경험을 하고 나니 저를 훨씬 더 많이 도와주실 수 있었죠. 아빠는 항상 열심히 일해서 가정의 재정을 책임지셨죠. 아빠는 제가 참여한 활동에 직접 관여하지는 않았지만 제가 필요한 만큼 많은 수업을 들을 수 있도록 해주셨고, 해보고 싶은 건 다할 수 있게 지원해 주셨어요. 엄마는 학교 과목에 대해 구체적인 내용은 잘 몰랐지만, 제가 무엇을 해야 할지는 제안해 주셨어요. 진로 상담 교사와 상담 약속을

잡으라고 하시고는 제게 주어진 모든 기회를 최대한 활용하라고 상기시켜 주셨죠. 엄마가 독립적인 사람이라는 사실이 항상 존경스러웠어요. 엄마는 항상 자신을 의지해도 된다는 걸 알게 해주셨어요.

Q. 하버드를 준비하면서 가장 기억에 남는 일은 무엇이고, 뜻밖의 경험은 무엇이었나요?

앨리사 킴_ 돌이켜 보니 저는 그리 많은 노력을 들이지 않고도 항상 원하는 성적을 쉽게 얻을 수 있었어요. 한때 학업 성적이 떨어진 적도 있었는데, 특히 수학이 그랬어요. 선생님과의 개인적인 갈등 때문에 수학 수업에서 어려움을 겪었는데 성적에까지 큰 영향을 받았죠. 그래서 고등학교 2학년 때 GPA가 하락했고, 하버드에 합격한 후 입학 파일을 보니 그 시기에 학업 성적이 좋지 않았다는 메모가 있더라고요. 하지만 바이올린 대회에 여러 번 참가한 것이 저의 부족한 부분을 보완해 주었다는 내용도 있었어요. 입학 사정관들은 아마 제가 대회에 많이 나가느라 일시적으로 성적이 하락했다고 판단한 것 같더라고요. 그 부분이 제 지원서에 그렇게 큰 영향을 미쳤는 줄 몰랐는데 실제로는 그랬죠. 다행히 성적 하락에 대한 설명을 뒷받침할 수 있었고요. 어느 순간 제 실력과 능력에 의문을 가졌지만, 그 시기도 그저 빠르게 극복할 수 있었던 작은 장애물에 불과했다고 생각해요.

Q. 후배들을 위해 공부 팁을 준다면?

앨리사 킴_ 선생님뿐만 아니라 추천사를 작성해 주시는 분들과도 진심으로 친해지세요. 선생님들과 개인적인 친분이 생기면 내가 미래에 무엇을 이루고 싶어 하는지, 어떤 사람이 되고 싶은지 선생님도 알게 되죠. 나를 화학이나 스페인어 수업을 듣는 학생 중 한 명이 아니라, 세상을 변화시키려는 큰 포부를 가진 미래의 리더로 볼거예요. 저는 오빠가 고등학교에 다니는 걸 보며 이것의 중요성을 배웠어요. 오빠는 학업 성적은 매우 뛰어났지만, 선생님들과 깊고 의미 있는 관계를 형성하지는 않았거든요. 그래서 주변 사람들과의 관계를 정말로 잘 유지하는 것이 중요하다는 것을 깨달았어요. SAT를 준비할 때 많이들 학원이나 과외에 의존해요. 하지만 저에게 정말 도움이 되었던 건 단 하나의 사실이었어요. 나 자신을 도울 수 있는 유일한 사람은 나뿐이다. 그리고 대학 지원서를 쓸 때나 SAT를 준비할 때는 가능한 한 차분한 마음 상태를 유지하는 게 중요해요. 다들 스트레스 덩어리가 되거든요. 불안에 휩싸이지 않도록 주의하면 좋겠어요.

Q. 하버드에 입학할 수 있었던 나만의 'X요소'는 무엇일까요?

앨리사 킴_ 매주 주말을 줄리아드 예비학교 프로그램에서 연주를 하고 대회에 참가하는 데 보냈어요. 상도 여러 번 받았죠. 거기에 공립 고등학교 출신이란 점이 큰 도움이 된 것 같아요. 에세이 핵심 주제는 문화 교류였어요. 음악을 기본으로 해서 언어나 다정한 행동들, 또는 일상생활에서 소통이라고 부르진 않지만 좀 다른 형태의 소통을 통해 사람들과 어떻게 상호작용했는지를 다뤘어요. 추가 에세이는 제 주변 환경에 대해서, 그리고 세상을 다른 관점에서 보는 방법에 대해서 더 분석해 봤어요. 입학 사정관들이 제 아이디어를 신선하다고 봤던 거 같아요. 제 입학 파일에서도 이를 언급했더라고요.

저에게 음악에 대한 사랑은 제가 연주한 모든 음악의 배경이 되는 사람들과 문화, 그리고 제가 만난 사람들에 대한 사랑이에요. 그래서 인류학을 공부하고도 싶었지만, 입학 후에는 음악을 벗어나 다양한 전공을 탐구하고 싶었어요. 마음속 깊은 곳에서는 음악을 직업으로 삼고 싶지는 않다는 걸 항상 알고 있었어요. 음악은 제 마음 속 특별한 자리를 차지하길 바랐어요. 캠퍼스 안에서 음악 관련 활동에 매우 적극적으로 참여하고 있어요. 하버드에는 엄청 큰 음악 커뮤니티가 있거든요.

Q. 하버드에서 힘들었던 점이 있다면?

앨리사 킴_ 고등학교 때 가장 어려웠던 일이 시간 관리였어요. 주말을 음악에 고스란히 바쳐야 했으니까요. 다른 학생들은 주말에 학교 수업을 보충한다거나 다른 활동들을 준비하겠지만, 저는 아주 짧은 시간 안에 그런 문제들을 해결해야 했거든요. 친구들과 어울리는 시간도 부족해서 학창 시절을 즐기지 못하고 있다는 느낌이 들었죠. 하버드에 간 후에는 이런 일상을 좀 바꾸고 싶었어요. 그래서 교수님들과 친분을 쌓거나, 친구들과 많은 시간을 보내는 데 우선순위를 두었죠. 고등학교 때 겪었던 어려움이 제 삶의 긍정적인 측면으로 변한 거라고 봐요.

Q. 하버드 교육의 가장 훌륭한 가치는 무엇이라고 생각하나요?

앨리사 킴_ 하버드에 있는 것만으로도 정말 멋져요. 다양한 사람들과 그만큼 다양한 생각들을 만날 수 있으니까요. 비슷한 관심사를 가진 사람도 많고, 전혀 다른 생각을 가진 사람들도 많이 만날 수 있어요. 과제도 내팽개치고 친구들이랑 새벽 4시까지 이야기만 나눈 일들이 기억나요. 그때 나눈 대화들이 저를 다른 방식으로 성숙하게 만든 것 같아요.

일하는 태도나 인생에 대한 관점은 원래도 성숙한 편이었는데, 하버드에 들어와 친구들을 사귀면서 완전히 새로운 수준에 도달하게 됐어요. 캠퍼스의 모든 조직이 전문가를 키워내는 방식도 정말 맘에 들어요. 저는 재정 및 컴퓨터 과학 그룹에 속해 있는데 모든 이들이 얼마나 의욕적인지, 동료들과 자원을 기꺼이 공유하려는 의지가 얼마나 강한지, 이런 건 고등학교 때는 경험하지 못한 일이에요. 고등학교 때는 모두가 경쟁했고 가장 좋은 자원과 비결은 자신만 알고 싶어 했으니까요. 하지만 여기 있는 사람들은 모두 지금의 자리에 오기까지 얼마나 어려운 길을 걸어왔는지 서로 알기 때문에 협력이 훨씬 더 재미있고, 정직하며, 진정성 있는 일이라고 느끼죠.

우연히 듣게 된 수업 중에 '생물 정치적 동물'이란 수업이 있었는데요. 저랑 또 다른 학부생과 대학원생, 이렇게 세 명뿐이었어요. 안그래도 친근한 수업 분위기를 원하다 보니 다들 규모가 작은 과목을 찾으려 하는데, 이 수업은 그중에서도 규모가 가장 작았죠. 교수 한 명에 학생이 세 명뿐이라니요. 그래서 더 많이 배울 기회를 얻었죠. 정말 좋은 학습 경험이었어요. 성적에 대한 걱정 없이 오로지 글쓰기와 비판적 사고 능력을 발전시키는 것, 그리고 학습에만 몰두할 수 있었거든요.

하버드 학생이란 명함 때문에 다른 대우를 받거나 특별한 혜택을 얻은 경험은 아직 없었어요. 덕분에 겸손할 수 있었고 제가 하는 모든 일이 특정 대학 출신이기에 할 수 있는 것이 아니라 노력의 산물이라는 확신도 얻었죠. 하버드에 합격한 것만으로도 정말 운이 좋다고 느끼기 때문에 그 기회를 당연하게 여기지 않아요.

Q. 현재 하는 일과 앞으로의 계획은요?

앨리사 킴_ 전 세계적으로 분위기가 좋지 않고 취업 기회가 줄어들어서 이번 여름 계획을 세우는 게 정말 힘들었어요. 현재는 벤처캐피털 회사에서 인턴으로 일하고 있는데, 지난 학기에 우연히 들어오게 됐어요. 지금은 내년 여름 계획을 세우는 것도 중요하게 생각하고 있고요. 3학년 학기를 시작할 때 너무 많은 마감일에 압도되지 않도록 학업 상담사들과 함께 타임라인을 짜고 있죠. 앞으로 법학과 경영대학원 진학도 적극적으로 고려하고 있어요.

과외 활동 및 수상 경력

- 경쟁 바이올린
- 모의 UN
- 과학 연구
- 학생회
- 자원봉사
- 전국 청소년 오케스트라
- 줄리아드 예비학교
- 토론
- 화학 올림픽
- 걸스 스테이트

소프트웨어 엔지니어 & 농구 소년

데이비드 정

대한민국 부산에서 나고 자라다 미국으로 이민을 간 데이비드는 어려운 가정 형편 속에서 평균보다 조금 낮은 공립학교를 다녔다. 그는 모든 장애물을 기회로 삼았다. 사교육을 받기 어려운 환경에서 인터넷과 여러 학습 자원을 활용해 독학했고, 농구팀에 들어가지 못하자 하루 8시간씩 농구 연습을 해 기어이 고교 농구팀에 들어갈 수 있었다. 어릴 때부터 긍정적인 '집착'을 가졌던 그는 관심 있는 모든 일에 최선을 다했다. 오히려 농구를 통해 학습법을 깨달을 정도였다. 데이비드가 하버드 교육에서 가장 가치 있다고 여기는 점은 사람들과의 대화였다. 끊임없이 토론하며 생각의 범위를 넓히고 스스로 성장할 방향을 잡아가는 과정이 인생에서 값진 일이라고 한다.

부모님들이 기억할 포인트

1. 부모가 자녀를 하나부터 열까지 다 지원해준다고 해서 자녀가 잘 되는 것도 아니고, 경제적으로 시간적으로 지원을 못 해준다고 해서 자녀가 망하는 것도 아닙니다. 자녀는 부모의 무한한 신뢰와 지지가 있을 때에만 무럭무럭 성장합니다. 혼자서도 잘해낼 수 있을 거라는 부모의 믿음만이 자녀를 하버드에 보낼 지도요.

2. 수능을 코앞에 둔 고등학생이 2년 동안 농구를 8시간씩 한다면, 그 아이는 농구에서 학습보다 더 중요한 인생을 배우는 중이라고 생각해 주세요. 좋아하는 일도 대충하는 것이 아니라 좋아하는 일도 공부만큼 최선을 다해서 하는 자녀라면 그것만으로도 칭찬받을 만하니 믿고 기다려 주세요.

Q. 고향은 어디고 어떤 학교에 다녔나요?

데이비드 정_ 대한민국 부산에서 태어나서 미국 뉴저지주 넛리 카운티에서 자랐어요. 학교는 넛리 고등학교를 졸업했고요. 하버드에서 전공은 AB 컴퓨터 과학이었고 2017년에 졸업했어요.

Q. 나만의 특이한 점은 무엇인가요? 나만의 독특한 개성은 뭐라고 생각하나요?

데이비드 정_ 제가 추구하고자 하는 바와 주변 사람들의 요구를 구별할 수 있는 능력이요. 제가 진정으로 원하는 것이 무엇인지 항상 스스로에게 묻기 때문에 늘 행복하고 자신감이 넘쳐요. 온종일 일만 할 때도 있고, 일주일 내내 침대에서 굴러다닐 때도 있다는 뜻이에요. '행복'이 제 결정의 주요 동력이에요.

Q. 어린 시절 어떤 아이였으며, 어떤 관심사를 가졌나요?

데이비드 정_ 집요함이 제 어린 시절을 정의하는 단어예요. 아주 작은 관심사에도 전력으로 몰두했어요. 초등학교 때 전 세계 수집가들과 수집 카드를 교환하고 팔았어요. 매일 우체국에 가서 카드를 주고받았죠. 꽤 진지했어요. 친구들이 취미로 생각하는 활동을 전문가 수준으로 끌어올려 거기에 전념했어요. 실제로 6학년 때는 피츠버그에서 전국 유희왕 카드 게임 대회에 참가하기도 했고요. 잘하지 못하는 것들에 대해서도 흥미를 많이 느꼈어요. 6학년 때 학교 농구부 입단 시험을 봤는데 떨어졌어요. 확실히 기분은 안 좋았지만, 못하는 만큼 발전할 기회도 많다는 사실에 어느 정도 감사했어요. 학교 공부를 제외하고 매일 8시간씩, 2년 동안 농구 연습을 했어요. 고등학교 농구부에서 뛸 수 있다는 것을 스스로 증명하기 위해서였죠. 결국 고등학교 3년 내내 대표팀에서 뛰었어요.

저의 집착이 학업 성적이나 이력서에 도움이 되지는 않았어요. 오히려 점수를 깎아 먹었을 거예요. 그래도 괜찮았어요. 매일 설레는 일이 일어난다면 말이죠. 어린 시절 관심사를 묻는다면 한 단어로 '흥미'라고 할 수 있어요. 신나는 일이라면 뭐든지 좇았거든요.

Q. 하버드에 진학할 때 부모님은 얼마나 관여했나요? 어떻게 도우셨나요?

데이비드 정_ 부모님은 제 학업과는 상당히 동떨어져 있었어요. 성적표를 보여달라고 하신 적도 거의 없었고, 공부하라고 강요하지도 않았어요. 부모님이 영어를 잘하지 못하기도 했고, 경제적으로 힘든 이민자로서 과외 비용을 감당할 수 없기도 했죠. 게다가 당신들께서 학교 숙제를 도와줄 정도는 아니라고 생각하셨죠. 그래서 모르는 정보는 구글에서 찾는 습관이 생겼어요. 인터넷에 무료 학습 자료가 많이 있다는 걸 알게 되었죠. 경제적으로 어렵고, 부모님이 언어 장벽을 가진 상황에서도 궁금한 것에 답을 찾을 수 있었어요. 어느 순간 친구들처럼 학원에 다니고 싶어졌던 일이 기억나요. 엄마는 SAT 학원이나 과학 학원에 다닐 수 있도록 대출받을 생각이 있다고 하셨죠. 그때 저 혼자 공부하고 방법을 찾아야 한다는 사실을 깨달았어요. 가족에게 더 많은 경제적 부담을 주고 싶지 않았으니까요.

저한테는 부모님이 항상 제 결정을 믿어주시는 게 가장 중요했어요. 어렸을 때부터 엄마는 저한테 뭐든 의견을 물어보셨어요. 가르치기보다는 어른의 사고방식을 보여주셨죠. 덕분에 어른들의 사고방식을 알게 됐어요. 어른들이 저를 신뢰한다는 사실이 동기부여가 됐죠. 제가 동아리에 가입하거나 행사에 참여하고 싶다고 했을 때 '안 돼'라는 말을 듣는 일은 매우 드물었어요. 부모님은 제가 그 일의 장단점을 충분히 고려했다고 확신하셨거든요.

부모님은 제가 성공한 사람보다 좋은 사람이 되기를 원하셨지만, 아이러니하게도 전 성공해서 부모님을 자랑스럽게 하고 싶은 마음이 컸죠.

Q. 하버드를 준비하면서 가장 기억에 남는 일은 무엇이고, 뜻밖의 경험은 무엇이었나요?

데이비드 정_ 저는 뉴저지에서도 평균 이하인 공립고등학교 출신이에요. 상담 교사들도 여기서는 최상위 대학교에 진학할 수 없을 거라고 생각했죠. 좋은 학교여도 최상위권 학생들조차 보통은 명문 대학에 입학하지 못하니까요. 그런 학교에서 4년 동안 지내다 보면 하버드 같은 대학을 가리란 기대를 하지 '않게' 되죠. 그래서 입학 허가서를 받았을 때 정말 놀랐어요.

희망을 버리란 말은 하고 싶지 않지만, 어깨에 힘이 빠진 게 사실은 도움이 됐죠. 또래들보다 스트레스를 덜 받아서 학업 성적을 끌어올리는 데 도움이 됐다고 생각하거든요.

돌아보면 똑똑한 학생은 어디서든 잘할 거잖아요. 그러니까 최상위 대학에 들어가는 최선의 방법은 스스로 스트레스를 너무 안 받는 거예요. 대학 한두 개만 고집하지 말고 열린 마음을 가져야 해요. 지원할 만한 훌륭한 학교는 수십 개 있어요. 좀 더 현실적으로 말하자면, 솔직히 하버드를 목표로 한다면 정말 많은 노력을 해야 하죠. 가장 재능 있는 학생들이 이 학교에 들어오기 위해 각자의 방식으로 준비하고 있다는 사실도 인식해야 하고요. 학업과 과외 활동에 너무 무리하지는 않아야겠지만, 어느 정도의 추진력과 인내심이 필요하죠.

Q. 후배들을 위해 공부 팁을 준다면?

데이비드 정_ 아이러니하게도 제 공부 팁은 농구를 하면서 배운 거라서 공부와는 거리가 있을 수 있어요. 스포츠에는 많은 전략이 있어요. 코치들이 X와 O를 그려서 이리로 움직이고 저리로 움직이라고 하죠. 학교에선 운동선수들의 학업 성적이 최상위권은 아니었거든요. 하지만 전략을 놀랍도록 빨리 배우고 기억해내더라고요. 덕분에 한 가지 깨달은 게 있어요. 만약 관심을 갖고 즐길 방법을 찾아낸다면, 정말 빨리 배울 수 있다는 사실을요. 뭔가를 배우는 최고의 방법이죠. 그걸 공부에 적용하면 이렇게 돼요. 어떤 과목이 어려워 보인다면 배우는 것을 즐기는 연습을 하세요. 부모님과의 관계에 따라 다를 수 있지만, 부모님이나 학교로부터 스트레스를 받는다면 부모님께 자기 상태를 말씀드리는 게 중요하다고 생각해요.

Q. 하버드에 입학할 수 있었던 나만의 'X요소'는 무엇일까요?

데이비드 정_ 제 에세이요. 그리고 학업과 관련 없는 다양한 과외 활동이 큰 요소였다고 생각해요. 좋아하는 것에 대한 긍정적인 집착을 중심으로 에세이를 썼거든요. 어떤 대단한 업적을 과장하거나 자랑할 필요가 없다고 생각했어요. 또한, 제 한국계 핏줄, 혹은 이민자 신분이 대학 입학 사정관들의 눈에 '다양성 요소'로 보이길 원하지도 않았죠. 앞서 언급했듯이 거의 천 일 동안 매일 농구를 8시간씩 했었잖아요? 그런 집요함이 변별력 있는 특성이 되기를 원했어요.

과외 활동으로 많은 동아리와 단체에서 활동했어요. 전국 대회에 나가는 합창단에서도 공연했고, 농구부 주전팀으로 또 육상 선수로도 뛰었죠. 이상하게도 고등학교 내내 학업 관련 과외 활동은 하나도 하지 않았어요. 하버드에 가서 다른 학생들의 토론 팀, 수학 올림피아드 경험을 들을 때까지 제가 특이한 경우란 걸 깨닫지 못했죠. 제 대학 학과 상담사 중 한 명의 말을 빌리자면 이래요. "학교에서 좋은 성적을 받는 거로 학업은 이미 충분하지 않을까요? 학생은 공부만 하는 기계가 아니에요. 저라면 단지 더 많이 공부한 학생보다는 운동부의 육체적인 끈기와 게임 클럽의 두뇌 게임을 겪은 좋은 학생을 뽑고 싶군요."

고등학교를 수석으로 졸업했지만 제 성적이 'X 요소'였을 수도 있다고는 생각하지 않아요. 평균 이하의 미국 공립고등학교였으니까요. 심지어 고등학교 최상위권 학생들조차 상위 대학은 딱 한 곳만 합격했다고 하니 운이 좋다고밖에 할 수 없죠.

Q. 하버드에서 힘들었던 점이 있다면?

데이비드 정_ 심각한 자원 부족이요. 대학에 지원할 때 절차를 도와줄 수 있는 가족이 없었거든요. 친구들 대부분은 부모님이 재정 지원 신청서 작성 방법을 알거나 했지만 저는 직접 알아내야만 했죠. 다른 학생들이 학교에만 집중할 때, 저는 부모님의 언어 장벽 때문에 법적 서류 작성 같은 일을 도와야 했죠. 경제적으로 어려울 때는 그리 유쾌하지 않은 방법으로 돈을 아껴야 했고요. 심지어 음식을 아껴 먹어야 할 때도 있었어요. 그런 의미에서 선천적으로 긍정적이었던 점은 놀라울 정도로 운이죠. 그런 상황이 절망적이거나 슬프다고 생각한 적은 없었으니까요. 이런 태도를 가지게 된 건 남동생, 여동생이 있기 때문이기도 해요. 동생들이야 저한테 큰 영향을 주지 않는 편이지만, 반대로 제가 동생들에게 주는 영향이 크다는 사실을 항상 인지하고 있었거든요.

하버드에 와서는 적응하는 데 시간이 조금 필요했어요. 사립이나 국제학교 출신 학생들은 이미 학업 관련으로 잘 준비된 것처럼 보였어요. 실제로 제 친구들 대부분은 고등학교 때가 하버드보다 더 어려웠다고 했어요. 공부하라는 게 귀에 인이 박히도록 자주 들은 말이었겠지만 전 아니었거든요. 초반에는 확실히 수업이 좀 어려웠어요. 특히 기숙학교에 다녔던 학생들은 이미 상당 시간을 집을 떠나 지내봤기 때문에 당장 뭘 해야 할지 알고 있었죠. 저의 경우 처음에 모든 것에 적응하려고 바쁘게 지냈어요. 3학년쯤 되어서야 겨우 의미 있는 인맥을 쌓는 것의 중요성을 깨닫기 시작했어요.

Q. 하버드 교육에서 가장 가치 있다고 생각하는 것은 무엇인가요?

데이비드 정_ 하버드에 대한 편견이나 예상이 많이 있잖아요? 하버드 생활을 처음 시작했을 때는 하버드에 다녔던 사람은 한 명도 몰라서 무엇을 예상해야 할지 짐작도 가지 않았어요. 인터넷 기사도 읽었고 소문이야 들었죠. 꽤 무서운 얘기를 많이 듣게 돼요. 하지만 하버드를 경험한 후 확실히 말할 수 있는 건, 하버드 교육이 절대 과대평가되지 않았다는 거죠.

수업 자체는 훌륭하지만 아마 다른 최상위 학교의 수업과 별반 다르지 않겠죠. 하버드에서 가장 흥미로웠던 것은 사람들과 나눈 대화였어요. 이 학교에는 항상 의미 있는 토론을 하도록 장려하는 문화가 있거든요. 지적 자극을 주는 대화로 이어지는 중요한 수업이 있다는 식의 의미가 아니에요. 1학년 때부터 선배들이 항상 생각하도록 밀어붙이죠. 저랑 만나서 제가 전에 한 말에 대해 논의하고, 점심을 먹을 때도 전날 말했던 것 중 몇 가지 말에 대해 논의하고 싶어 해요. 사실, 자신을 한 사람으로서 인식하고, 어떻게 변할 수 있는지 생각하지 않고서는 이 학교에 다니기 쉽지 않을 거예요. 분명 학교, 성적, 인턴십을 우선시하는 친구들을 많이 봤지만, 다른 많은 친구의 머릿속에 맴도는 생각은 이거였어요.

'나는 사람으로서 성장하고 있나? 충분히 자기성찰을 하고 있나?'
사람들이 하버드 학생들에 대해 알게 되면 놀랄 만한 부분일 거예요. 그리고 전 이게 하버드 교육의 가장 강력한 부분이라고 생각해요.

하버드의 유연한 교육 과정도 자아 탐구를 할 수 있는 분위기를 조성하는 데 도움이 되죠. 하버드는 학생들에게 유연성을 보여주는 데 굉장히 적극적이에요. 탐구하고 싶은 학문적 관심사가 있다? 하버드는 전공에 맞는 과목을 들으라고 하지 않아요. 실제로 하버드는 학생들이 특이한 수업을 듣고 각자의 관심사를 좇도록 계속 권장하고 있어요. 학생들이 그렇게 할 수 있도록 학과 일정도 넉넉해요. 하버드의 유연성이 이를 보장하죠.

Q. 현재 하는 일과 앞으로의 계획은요?

데이비드 정_ 처음에 하버드에 입학했을 때 기계공학/물리학을 전공했어요. 특별한 이유는 없었고 그냥 고등학교 때 이 두 과목 성적을 잘 받았기 때문이죠. 기계공학 전공한 지 1년 반에서 2년 정도 지난 후 필수 과목으로 컴퓨터 과학을 수강했는데, 꽤 흥미로워서 전과를 하고 싶어졌어요. 덕분에 오늘날 소프트웨어 개발자로 일하고 있어요. 여전히 '집착' 단계에 있고 능력을 향상하려고 노력하고 있죠. 아이폰과 아이패드의 앱을 만들고 여러 회사에서 일하고 있어요. 현재는 바스툴 스포츠(Barstool Sports)에서 근무하고 있고, ESPN과 디즈니에서도 근무했었어요.

미래에 대한 계획은 꽤 단순해요. 제 친구들은 큰 목표를 이루거나 높은 위치에 올라가고 싶어 하지만, 직업과 재정으로부터 가능한 한 독립적으로 사는 게 제 계획이에요. 직업이나 돈에 통제받지 않는 자유를 얻기를 바라죠. 가족을 만들고 부양하는 것도 또 다른 목표고요.

과외 활동 및 수상 경력

- 농구 4년 (대표팀 3년)
- 육상 장거리/삼중 점프 4년(대표팀)
- 상공회의소 합창단 4년
- 뉴저지 올스테이트 합창단 3년
- 미국 올이스턴 합창단 1년
- 행진 악대 – 색소폰 2년
- 뮤지컬 극단 2년
- 스페인어 명예 사회 – 회장 1년 (총 3년)
- 에섹스 카운티 학업 우수상
- 에섹스 카운티 수학 경시대회 – 미적분 2위
- 넛리 고등학교 수석 졸업 및 졸업연설자
- 넛리 고등학교 학업 우수 장학금

기술 컨설턴트
&
음악가

임창섭

    창섭은 부모님의 일 때문에 한국에서 중국으로, 중국에서 또 미국으로 삶의 터전을 옮기는 큰일을 두 번이나 겪었다. 지적 호기심이 넘치는 학생이었지만 불안한 생활로 학창 시절 잠시 방황했다. 그러나 경제적 불안정과 문화적 환경의 변화 속에서도 그는 전자기기 다루기, 음악 연주, 창의적 프로젝트에 몰두하며 스스로 삶의 위안거리를 찾았다. 창섭은 서로 관련 없어 보이는 자신의 여러 관심사들을 하나의 일관된 스토리로 엮어냈고, 하버드에 합격했다. 창섭이 생각하는 하버드 교육에서 가장 가치 있는 점은 다양하고 자유로운 학과목이었다. 이 덕분에 창섭은 컴퓨터 관련 과목과 음악 과목을 동시에 들을 수 있었다.

부모님들이 기억할 포인트

1. 자녀가 어렸을 때 지방에서 서울로, 또는 한국에서 미국으로 삶의 터전을 옮겨야 하는 일이 있다면 자녀들이 새로운 세상에 적응하느라 공부와는 잠시 멀어질 수도 있습니다. 그럴 때 자녀가 공부에서 손을 놓더라도, 공부와 관련 없는 일에 과도하게 집착하더라도 자녀가 자신만의 스토리를 직접 써내려갈 수 있도록 지지하고 믿어 주세요.

2. 인생이 자기 뜻대로 되지 않는다고 느낄 때 사춘기의 청소년들은 방황의 시간을 가질 수도 있습니다. 모든 방황이 인생의 실패로 이어지지 않는다는 것을 다시 한 번 생각해보고, 자녀들이 겪는 어려움이 오히려 창의성과 끈기를 키우는 과정일 수도 있음을 인정해 주세요.

Q. 고향은 어디고 어떤 학교에 다녔나요?

　　임창섭_ 저는 서울에서 태어나 열 살까지 살았어요. 그 후 몇 년 동안 중국에서 살다가 미국 뉴욕주 업스테이트 오렌지버그로 이사해 중·고등학교를 다녔죠. 상황에 따라 오렌지버그 외에도 보스턴과 서울을 제 고향이라고 부르기도 해요. 태판 지 고등학교를 졸업했어요. 하버드에서는 컴퓨터 과학을 전공했고 2019년에 졸업했어요.

Q. 어릴 때 당신은 어떤 아이였고, 어떤 관심사를 가지고 있었나요?

　　임창섭_ 어릴 때부터 음악에 재능이 있어서 지역 노래 대회나 피아노 대회에서 우승했어요. 돌이켜 보면 어렸을 때는 그냥 잘해서 이런 활동을 즐겼던 것 같아요. 예술에 본능적으로 끌리진 않았죠. 중학교에 들어가기 전까지는 음악에 흥미를 못 느꼈어요. 그러다 비틀스에게 빠져들기 시작했고 다양한 '록 밴드' 악기를 천천히 배우면서 관심이 생겼죠. 고등학교에서는 음악 이론을 공부하고, 작곡도 시도해보고, 다양한 사람들과 함께 메탈, 클래식, 재즈 등 다양한 스타일의 음악으로 라이브 공연도 해봤어요.

　　2008년 미국발 전 세계 불황의 시기에 우리 가족은 미국으로 이사를 했어요. 미국으로 오기 2년 전에는 경제적인 이유와 아버지의 직장 문제로 중국으로 이사했고요. 세계적으로도 불황이었지만 우리 가정도 많이 불안정했어요. 저는 자주 꾸중을 듣기 시작했고 반항적인 성향까지 생겼어요. 아마도 부모님의 불안감에 대한, 혹은 주변 세상에 대한 반응이었을지도 몰라요. 그때부터 반항적인 아이로 바뀌었어요. 중국에서는 친구들과 많은 시간을 보냈어요. 미국에 정착하고 중학교에 들어가서야 제 관심사에 눈을 돌리기 시작했죠. 전자기기를 분해하고 조립하고 음악도 많이 연주했어요. 중학교 때부터 컴퓨터에 관심이 생겼어요. 하드웨어든 소프트웨어든 가리지 않았죠. 같은 시기에 색소폰과 기타를 연주하기 시작했고요. 이러한 열정들이 결국 저를 현재의 위치로 이끌었다고 봐요.

어릴 때 흥미로운 기억이라면 언젠가 연극에 참여했던 때였는데요. 가장 친한 친구와 ESL 선생님이 저에게 연극 오디션을 보라고 권유했었어요. 중학교에서 친구들과 어울리고 미국 문화에 적응하는 데 도움이 되라고 말이죠. 당시 제 영어 실력은 그다지 좋지 않았지만 그래도 오디션을 봤어요. 심사위원들이 제 노래 실력을 인상 깊게 본 덕에 중학교 연극에서 주연까지 맡게 됐어요. 돌이켜 보면, 상황이 정말 재미있었어요. 관객들에게도 마찬가지였을 거예요. 의미도 제대로 모른 채 대사를 외우고 끔찍한 억양으로 노래하는 아이가 있었으니까요. 결국 저에게는 정말 좋은 경험이었고 그 과정에서 굉장한 친구들을 사귀게 됐어요.

Q. 하버드를 준비하는 과정에서 부모님은 얼마나 도움을 주셨나요? 어떻게 당신이 배우고 성장하는 것을 도와주셨나요?

임창섭_ 부모님은 대학 입시를 중요하게 생각했어요. 반면 저는 공부와 관련된 모든 것을 싫어했죠. 중학교 때부터 학교 성적으로 가족들이 부담을 줬어요. 부모님과 생각의 차이가 커서 말다툼도 자주 했고 심지어 신체적 충돌로 있었죠. 궁극적으로 부모님이 입시를 위해 해준 가장 좋은 일은 제 능력을 신뢰하고, 저 스스로 전체 과정을 처리하게 해준 것이었어요.

하버드는 결코 저의 최종 목표가 아니었고, 집에서 하버드에 대해 얘기한 적도 거의 없었어요. 그저 평판이 좋은 대학에 가야 한다는 애매한 생각이 있을 뿐이었죠. 그럼에도 저는 충분히 좋은 성적을 받고 있었어요. 부모님이 강하게 부담을 주진 않으셨어요. 하지만 적어도 중학교 때까지는 제 공부에 많이 관여하셨어요. 한국에서는 다른 부모님들처럼 저를 모든 학원에 보내셨어요. 중국에서도 매우 비슷한 상황이었고요. 미국에서 중학교를 다닐 때도 부모님은 똑같이 하려고 했지만 더 이상 그럴 시간도, 돈도 없었죠.

그래서 미국에서는 혼자 공부를 많이 했어요. 엄마는 한국인 커뮤니티에서 중고 교과서와 문제집을 구해오셨죠. 때로는 저랑 같이 봤고요.

앞서 말했듯이 중학교 때부터 반항기가 좀 있어서 학업과 관련된 건 아무것도 하고 싶지 않았어요. 부모님과 갈등이 생겼죠. 곧 모의시험 결과를 속이기 시작했고, 답을 베끼기도 했어요.

물론, 부모님도 바보는 아니니까 제가 속이고 있다는 것을 꽤 빨리 알아차리셨고 갈등은 더욱 심해졌죠. 8학년이나 9학년 때, 부모님은 저를 PSAT에 등록시켰어요. 저는 제 나이 기준에서도 그렇고, 입시생 기준으로도 꽤 좋은 성적을 받아오기 시작했어요. 그게 부모님한테 전환점이 된 것 같아요. 부모님도 제가 알아서 할 수 있다는 것을 깨달은 거죠. 저는 다시 하고 싶은 걸 할 수 있게 됐어요. 게임도 할 수 있었고, 친구들과 어울릴 수도 있었죠. 하지만 여전히 책임감 있게 이만큼은 이루자고 기대 목표치도 정했어요. 그 후로 부모님은 제 학업에서 완전히 손을 떼셨죠. 그 점은 PSAT에 고마워해야겠네요.

돌이켜 보면 부모님이 저한테 좌절감을 느낀 이유는 경제 상황 때문이었을 거예요. 새로운 나라에 뿌리를 내리려는 저소득 가정이었기 때문이죠. 부모님은 가족을 부양하느라 엄청난 스트레스를 받고 계셨을 거예요. 아마 그 스트레스의 배출구가 저희 형제였을 거고요. 우리가 큰 성과를 거둬서 미래에는 고생하지 않게 하려고 하셨겠죠. 부모님들이라면 어떤 상황에 처하든 자녀들에게 최선을 다하고 싶어 하니까요.

Q. 하버드를 준비하면서 가장 기억에 남는 일은 무엇이고, 뜻밖의 경험은 무엇이었나요?

임창섭_ 가장 기억에 남는 건 두 가지예요. 첫 번째, 제 공통 지원서 에세이는 농담이었어요. 형편없었단 뜻이 아니고 그저 길고 재미

있는, 농담 같은 이야기였어요. 엄마가 그 에세이를 보고 별로 좋아하지 않았어요. 한동안 에세이를 바꾸라고 하셨지만 저는 그대로 제출할 거라고 고집을 부렸죠. 두 번째도 비슷해요. 하버드 입시에는 원하면 추가로 제출할 수 있는 서브 에세이가 있어요. 엄마는 그것도 쓰라고 닦달하셨죠. 그때 추가 에세이 항목 아래에 작은 폰트로 적힌 설명문을 읽었던 것이 기억나요. 이렇게 적혀 있었어요. '이 지원서가 자신을 완전히 설명하지 못한다고 생각한다면 추가 에세이를 포함하시오.' 제 지원서가 저를 완벽하게 설명한다고 생각했기 때문에 추가 에세이는 제출하지 않기로 했어요. 그리고 놀랍게도 합격했죠.

Q. 후배들을 위해 공부 팁을 준다면?

임창섭_ 좋은 친구는 학생이 가질 수 있는 최고의 자원이에요. 여기서 좋은 친구란 높은 성취를 이뤘거나 당신과 함께 높은 성취를 이루고자 하는 친구들이죠. 관심사를 공유하는 친구들이 있다면 함께 성장할 수 있어요. 저도 음악, 컴퓨터, 연기 등 제 관심사와 일치하는 친구들을 찾았어요. 이런 이들을 찾고 나서 모든 것이 술술 풀렸어요. 아마 운이 좋았던 거겠죠. 정말 운이 좋았던 것 같네요. 아마도 저는 정말 좋은 친구들을 가지고 있었겠죠. 이런 친구들을 사귀고 함께 성장하는 데 많은 시간을 보낸 후에야 모든 것이 그 뒤를 따라 잘 풀렸어요.

Q. 하버드에 입학할 수 있었던 나만의 'X요소'는 무엇일까요?

임창섭_ 색소폰 연주, 연기, 다양한 악기 연주 및 지역 공연 등 모든 열정이 대학 입학 면접에 매우 잘 반영됐어요. 화려하기까지 한 제 지원서를 잘 설명할 수 있었죠.

입학 면접에서 가까운 친구가 정말 많고 다 같이 재밌어할 만한 새로운 것들을 시도하고 싶었다고 말했어요. 이 한마디로 모든 활동을 하나로 엮을 수 있었죠. 모델, 유엔, 과학 올림피아드까지 모든 것을 포함해서요. 친구들과 함께하며 이러한 취미는 물론, 다른 분야에 대한 관심이 더욱 깊어졌으니까요. 이런 활동들과 취미들을 즐겼지만 궁극적으로 제가 최고의 성과를 이루게 된 이유는 따로 있어요. 음악과 컴퓨터 과학의 교차점을 파고드는 일이든, 특정 활동이나 열정을 가진 일들을 했던 건 모두 주변 사람들 때문이었죠. 하버드 입학과 관련해서 말하고 싶은 게 하나 더 있어요. 바로 동생에게 미친 영향이죠. 지금은 괜찮지만 하버드에 합격했을 당시 동생은 그리 기뻐하지 않았던 기억이 나요. 부모님이 더 큰 부담을 준다는 뜻이었으니까요. 동생에게도 동일한 기준, 아니면 그 이상을 요구했겠죠. 하버드에 합격하고 나서 친구들과 가족들이 크게 기뻐했지만, 당시 동생과의 사이엔 금이 가서 약간 씁쓸하기도 했어요.

Q. 하버드에서 힘들었던 점이 있다면?

임창섭_ 솔직히 하버드에 처음 들어올 때 잘못된 마음가짐을 가지고 있었어요. 다른 학생들은 저와 달랐고, 모두 엄청난 성취를 이룬 사람들이라고 생각했죠. 모두 전국 대회 우승자, 국제 수학대회 우승자, 기술 천재 등 굉장한 업적이 있는 사람들이었거든요. 제가 만난 모든 사람들은 친분을 쌓고 싶다기보다는 경외심을 불러일으켰죠. 덕분에 신입생 시절 제 경험이 다소 왜곡됐어요.

하버드에서 만나는 사람들은 인생에서 만날 수 있는 최고의 사람들일 거예요. 다들 엄청 똑똑하고, 굉장한 성취를 이룬 데다 앞으로도 더 많은 성취를 이루겠죠. 그래도 제가 빨리 깨달았어야 할 점이 있었어요. 결국 저도 같은 배에 타고 있다는 사실이었죠. 하버드 교육에서 배운 가장 가치 있는 교훈 중 하나는 이거예요. '자신이 해온 일과 할 수 있는 일에 대해 너무 겸손할 필요는 없다.' 저 또한 다른 사람들처럼 스스로를 자랑스럽게 여기고 하버드라는 커뮤니티와 공유할 무언가를 가지고 있었던 거죠.

또 어려움이 있었다면, 고등학교 때 좋아했던 과외 활동을 계속할 수 없었다는 점이에요. 궁극적으로 저는 음악과 컴퓨터 과학을 전공하기로 했죠. 그렇게 선택했지만 여전히 어려움이 있었어요. 같은 자리를 두고 경쟁해야 하는 사람들이 항상 있었기 때문이죠. 다들 엄청난 성취를 이루었고, 정말 재능이 뛰어나서 제가 들어가려는 단체에 자리가 없을 수 있거든요. 예를 들어, 신입생 때 들어가고 싶었던 아카펠라 그룹이 있었는데 들어가지 못했어요. 오디션을 본 뮤지컬에서도 원하는 역할을 얻지 못했죠. 하버드에 막 들어온 사람한테는 충격적일 수 있어요. 옛날에 잘해왔던 일 때문에 이 훌륭한 대학에 들어왔잖아요? 그런데 같은 관심사에 훨씬 잘하는 사람들이 정말 많다는 사실을 깨닫게 돼요. 그럼에도 인내심을 갖고 노력하면 자기만의 자리를 찾을 수 있을 거예요.

Q. 하버드 교육의 가장 훌륭한 가치는 무엇이라고 생각하나요?

임창섭_ 많은 사람들이 이미 말했겠죠? 하버드 교육의 가장 훌륭한 점은 교양과목과 자유로움이에요. 원하는 교육의 종류뿐만 아니라 시간 관리도 자유로워요. 교육 과정의 유연성 덕분에 모든 컴퓨터 과학 관련 과정을 마칠 수 있었고, 또한 해보고 싶었던 모든 음악 과목도 들을 수 있었어요.

Q. 현재 하는 일과 앞으로의 계획은요?

임창섭_ 기술 컨설팅 회사에서 컨설팅을 하고 있어요. 소송 사건과 관련된 코드 베이스의 기술 분석을 하고 있죠. 좀 더 설명하자면 이런 거예요. 소송을 당한 기술 기업이 직접 코드를 분석하고 발표할 수 없을 때 저희 회사에 분석을 의뢰하죠. 저한테는 정말 흥미롭고 재미있는 일이에요. 현장에서 예상치 못한 흥미로운 문제들이 많이 발생하거든요. 관찰해 보니 학계와 현장 간의 차이는 생각보다 크지 않았어요. 여전히 이런저런 생각 중이고 여러 선택지를 보고 있지만, 언젠가 학계로 돌아가서 박사 학위나 법학 학위를 따려고 할 거 같아요.

끝으로 한마디만 더 할게요. 하버드에서 아카펠라 그룹과 함께 여행을 했는데 많은 사람들이 저희 노래를 듣고 질문을 던졌어요. 그때 하버드에 온 경험에 대해 많은 얘기를 할 기회가 있었어요. 우선 부모님들께는 이런 말씀을 드리고 싶어요. 올바른 환경에서 격려를 받으면 아이들은 더 잘할 수 있어요. 제가 바로 그 예시라고 생각해요. 또한, 학생들뿐만 아니라 모든 직장인에게 자신이 관심 있는 것을 시도해보라고 말하고 싶어요. 잘 될 수도 있고 안 될 수도 있지만 정말로 무언가에 빠지게 된다면 잘 될 거예요. 금전적으로는 아닐지라도 예상치 못한 방식으로 보람이 있을 거라고 확신해요.

과외 활동 및 수상 경력

- 프로그래밍 동아리 창립 회원 및 회장
- 주 전역 색소폰 연주자
- 학교 뮤지컬 배우, 수상 경력 있음
- 프리랜서 기타리스트
- 수학 팀 주장
- 스포츠 응원 악단 회장
- 수학 아너 소사이어티 부회장
- 모델 유엔 회원
- 과학 올림피아드 회원
- 대학 수영팀 선수

예비 안과 의사 & 시인

J. 문

J.는 어린 시절 공예를 좋아했고, 이후 책에 빠져들어 글쓰기에도 관심을 보였다. 대학교수인 양친 덕에 자연스럽게 면학 분위기가 형성됐고, 자연스럽게 이공계에 끌렸던 그녀는 스스로 진로를 결정했다. 서울에서도 국제학교를 선택하고 미국의 기숙학교로 옮기고 MIT 프로그램에 들어간 것 모두 J. 스스로 내린 결정이었다. 역사, 통계학, 과학과 같은 복잡한 학문을 공부하는 한편 그녀는 〈2048〉이라는 온라인 퍼즐 게임을 피젯 장난감처럼 하며 생각에 잠기기도 했다. 하버드 교육에서 J.가 가장 가치 있다고 생각하는 점은 두말할 것 없이 사람이었다. 수많은 사람과 만나며 생각할 거리를 얻고 생각의 틀에서 벗어날 수 있었다고 한다.

부모님들이 기억할 포인트

1. 자녀가 학업과 관련된 관심사를 보일 때는 어떤 지원도 아끼지 않다가, 자녀가 예술이나 창의적 활동에 관심을 보이면 학업과는 관련이 없다고 생각해 말리거나 지원을 끊는 경우는 없었나요? 둘 사이의 '균형'이 더 중요한 문제일 수도 있으니, 학업적 관심사와 창의적 관심사를 똑같이 지지해 주세요.

2. 부모님이 자신의 일에 매진할 때 자녀는 그 모습이 바람직하다고 느끼기 때문에 그대로 따라하려는 경향이 높습니다. 부모님의 일상이 자녀들에게 어떻게 보일지 한번쯤 생각해보세요.

Q. 고향은 어디고 어떤 학교에 다녔나요?

J. 문_ 대한민국 서울에서 태어났어요. 고등학교는 디어필드 아카데미를 졸업했고요. 하버드 칼리지에서 역사 및 과학과 통계학을 전공해 2017년에 졸업했고, 하버드 의과대학 의과박사 후보로 공부하고 있는데 2021년 졸업반이죠.

Q. 나만의 특이한 점은 무엇인가요? 나만의 독특한 개성은 뭐라고 생각하나요?

J. 문_ 〈2048〉이라는 온라인 퍼즐 게임을 아시나요? 정말 바보 같고 간단한 퍼즐 게임인데 그걸 아직도 하고 있어요. 특히 머릿속이 복잡할 때 더 하죠. 거의 7년이 됐네요.

Q. 어렸을 때는 어떤 아이였나요? 어릴 적 관심사는 뭔가요?

J. 문_ 공예를 정말 좋아하는 아이었어요. 손으로 하는 걸 좋아해서 주로 뭔가 그리거나 만드는 게 취미였죠. 어렸을 때 한국에서 비즈 공예가 유행했는데 목걸이와 팔찌를 만들며 시간을 많이 보냈어요. 처음에는 엄마가 시작하셨는데 나중에 저도 배워서 했죠. 수줍음이 많아서 혼자 시간을 많이 보냈어요. 결국 책벌레가

됐죠. 《베이비시터 클럽》이나 《베일리 스쿨 키즈》 같은 시리즈물을 많이 읽었어요. 매일 밤 침대에 누워 몇 시간씩 책을 읽었죠. 고등학교 때는 글쓰기를 좋아해서 일기장을 계속 썼고 시도 썼어요. 나중에는 개인 블로그에 올려서 나중에 제가 볼 수 있도록 저장해뒀고요. 오직 저를 위한 내용이었죠. 수줍음은 아직도 없어지지 않았어요. 의대에 다니지만 과거 제모습에서 키만 큰 것 같아요.

Q. 하버드에 진학할 때 부모님은 얼마나 관여했나요? 어떻게 도우셨나요?

J. 문_ 부모님 두 분 다 대학교수셨기 때문에 항상 연구를 하거나 대학 강의 자료를 준비하셨어요. 저와 함께 보낼 시간이 많지 않아서 제 교육에 대해서는 손을 놓으셨죠. 하지만 두 분 모두 학계에 계셨기 때문에 매일 연구하시는 모습을 보면서 제 공부 습관으로 발전시킬 수 있었어요.

부모님은 성적표를 확인하며 잘하고 있는지만 보셨어요. 부모님의 관여는 그게 끝이었죠. 전공을 선택할 때도 이공계로 가라고 하지도 않으셨고요. 저는 자연스럽게 이공계 쪽에 끌렸지만 우습게도 대학에서는 마지막 순간에 역사 전공으로 전과했어요.

고등학교는 서울 국제학교에 다녔었어요. 하지만 부모님도 곧 미국의 기숙학교에 다니기로 한 제 결정을 지지하셨죠. 하지만 제가 학교 문화에 잘 적응하지 못한다고 느끼셨나 봐요. 그래서 아버지가 위스콘신에서 안식년을 보낼 때 저도 함께 갔어요. 당시 교육

게 예산 삭감으로 큰 시위가 벌어지고 있었는데도 부모님은 제가 디어필드 아카데미에 지원하도록 허락해 주셨어요. 정말 가고 싶었거든요.

Q. 하버드를 준비하면서 가장 기억에 남는 일은 무엇이고, 뜻밖의 경험은 무엇이었나요?

J. 문_ 대학교 3학년을 마치고 MIT의 RSI라는 여름 프로그램에 들어갔는데요. 기본적으로 연구 멘토랑 6주간 같이 사는 프로그램이었어요. 고등학교 때도 연구에 참여하고 싶어서 고등학교 2학년을 마치고 대학교수들에게 무작정 이메일을 보냈었죠. 아무런 답변도 기대하지 않았어요. 아직 고등학생이었으니까요. 다행히 한 분이 답변을 주셨어요. 왜 그러셨는지 모르지만 저를 연구 인턴으로 고용하셨죠. 심지어 급여도 받았어요! 최저임금이긴 했지만 그래도요! 무급이라도 했을 일인데 급여까지 받아서 너무나 신났어요. 이 경험은 제가 RSI 프로그램에 들어가게 된 발판이 됐죠. 고등학생에게 기회를 주셨던 이 교수님은 제 추천사도 써주셨어요. 고등학교 때 생물학 관련 연구 기회가 있으리라고는 상상도 못했는데 말이죠.

Q. 후배들을 위해 공부 팁을 준다면?

J. 문_ 시험 공부할 때 쓰는 방법인데, 참고로 저희 엄마는 싫어하셨어요. 공부를 다하고 그 내용을 창문에다가 사인펜으로 전부 써

내려갔어요. 당시에는 화이트보드가 없었거든요. 창문으로도 충분하다고 생각했죠. 눈으로 개념을 봐야만 해서 이런 방식으로 복습했어요. 이 과정으로 배운 내용을 요약하고 되새김질했어요. 이 방법이 유용하다고 생각하지만 저처럼 하면 부모님이 화를 내실 테니까 추천하진 않을게요. 화이트보드를 사서 마음껏 써보세요.

또 다른 팁은 학업적 관심사를 이끌어주고 한 사람으로서 성장하도록 도와줄 좋은 멘토를 찾는 거예요. 지금도 연락하는 멘토가 두 분 있어요. 그분들 없이는 하버드에 합격하지 못했겠죠. 그중 한 분은 고등학교 3년 동안 수학을 가르쳐 주신 선생님이었고, 다른 한 분은 고등학교 2학년 때 위스콘신에서 연구하던 선임 연구자분이세요. 관심사를 공유하는 멘토를 찾으세요. 진로를 뒷받침해 줄 사람이 될 테니까요.

Q. 하버드에 입학할 수 있었던 나만의 'X요소'는 무엇일까요?

J. 문_ '공부 팁'에서도 언급했듯이 멘토가 없었다면 하버드에 입학하지 못했을 거예요. 저는 두 분과 함께 어떤 길이 저에게 맞을지 상의했고, 저를 강하게 추천하는 추천사도 써주셨죠. 고등학교 때부터 실험실 연구 경험이 있었다는 사실도 분명 도움이 됐을 거고요.

의대에 지원할 때는 정말 긴장을 많이 했어요. 대학 마지막 해에 갑자기 전공을 사학으로 바꿨으니까요. 하지만 그 덕분에 제 의대 지원서가 돋보이게 된 것 같아요. 글쓰기는 모든 직업과 산업에서 중요하죠. 전공을 바꾸면서 의학 역사에 관해 논문을 많이 쓴 덕을 톡톡히 본 것 같아요.

Q. 하버드에서 힘들었던 점이 있다면?

J. 문_ 조금 거만하게 들릴 수 있겠지만 교육 수준이 높아질수록 SAT 같은 입학시험에서는 더 좋은 점수를 얻기가 어려워지는 것 같아요. 고등학교 때는 고등학교 졸업 시험(A.P.)이나 SAT 시험을 공부하지 않잖아요. 시험 당일 아침에만 공부해도 괜찮은 점수를 받으니까요. 하지만 어떤 이유에서인지, 의과대학 입학시험(MCAT)을 치를 때는 갑자기 낙제생이 되는 바람에 몇 주 동안 책상 앞에 붙어 앉아서 자료를 검토해야 했어요.

경쟁이 치열한 작은 집단에 속해 있다 보니 스트레스를 받았고 결국 MCAT 점수는…. 그다지 좋지 않았어요. 그런 식으로 시험을 잘 볼 순 없는 거예요. 점수가 전부는 아닌 거죠. 자신이 추구하는 분야에 대한 열정을 보여주는 게 더 중요하다는 걸 알았죠.

Q. 하버드 교육의 가장 훌륭한 가치는 무엇이라고 생각하나요?

J. 문_ 두말할 것 없이 사람이죠. 제 동급생들만 해도 그래요. 많은 주제에 대해 얘기해봤는데 그 지식의 깊이가 놀라울 정도였어요. 지금 다니는 의대에선 모두 비슷한 분야에서 같은 목표를 향해 달리는 중이라 대화 주제가 대학 시절보다 다양하지는 않아요. 하지만 학부생일 때는 더 많은 사람이 제게 생각할 거리를 던져줬고 사

고의 틀을 벗어나게 해줬죠. 그래서 대학 시절은 저에게 특별한 시간이었어요. 모든 학생이 자신의 관심사에 열정적이었거든요. 솔직히 그 시간이 정말 그리워요. 그러니 지금은 그때의 친구들과 보낸 시간을 더욱더 소중히 여기고 있어요.

Q. 현재 하는 일과 앞으로의 계획은요?

J. 문_ 의대 3학년과 4학년 사이에 있는데 유럽에서 연구를 하기 위해 1년 휴학하기로 했어요. 지금은 보스턴에 위치한 망막 이미징 연구소에서 인공지능과 기계학습을 이용한 연구를 하고 있죠. 먼 미래에는 안과 의사가 되기를 정말 바라고 있어요. 저에게 안과적 문제가 많이 있어서 안과 병원에 환자로 자주 찾아가는데 그곳에서 늘 편안함을 느끼거든요.

이 분야는 항상 기술의 최전선에 있다는 게 멋져요. 지난해에는 최초의 인공지능 기반의 안과 의료 기구가 승인됐어요. 한국으로 돌아가게 되면 군의관이 되는 것도 고려하고 있지만 어떻게 될지 봐야죠.

생물학자
&
동계 수영 선수

앨리사 서

    미국 이민 후 같은 한국인들에게 따돌림을 당한 앨리사는 그림과 종이접기를 취미로 갖고 이후 포토샵과 일러스트레이터 프로그램을 다루기까지 했다. 이후 학교 체육 시간을 계기로 앨리사는 스포츠에 눈을 뜨게 되면서, 6학년 때 겨울 수영에 도전해 볼 정도로 도전 의식도 강하고 호기심도 많았다. 앨리사는 하버드에 합격하리라 전혀 생각하지 않았지만, 하버드는 공부와 다양한 스포츠 간의 균형을 맞추는 그녀의 능력에 주목했다. 결국 학생이 전공할 과목은 많아야 두 개 정도이기에 만능인 학생이 아닌 한 분야에서 두드러진 학생을 뽑은 것이다.

부모님들이 기억할 포인트

1. 자녀가 무언가 경험하기 전까지는 재능이 있는지 없는지는 알 수 없습니다. 어린시절 그림과 종이접기를 하던 앨리사는 포토샵과 일러스트레이터 프로그램을 전문적으로 다룰 수 있을 정도가 됐습니다. 이후 우연한 계기로 스포츠를 즐기며 도전 정신을 불태우는 소녀가 됐고, 대학때는 생물학을 전공하는 과학도가 됐습니다.

2. 자녀가 유독 약한 과목이 있다 해도 너무 걱정하지 마세요. 대신 좋아하고 흥미가 있는 과목이 있다면 계속 열심히 하도록 지지해 주면 되니까요. 자녀가 여러 가지 공부법을 스스로 실험해보고 자신한테 맞는 공부법을 찾도록 도와주세요. 방 안을 온통 포스트잇으로 장식하든, 창문에 화이트보드 마커로 잔뜩 적든 자녀가 공부하는 데 도움이 된다면 좋지 않을까요?

Q. 고향은 어디고 어떤 학교에 다녔나요?

앨리사 서_ 미국 오하이오주 애선스예요. 애선스 고등학교를 2020
년에 졸업했고요. 하버드에서는 생물학 및 공중 보건을 전공할 예
정이고 2025년 졸업반이에요.

**Q. 나만의 특이한 점은 무엇인가요? 나만의 독특한 개성은 뭐라고 생
각하나요?**

앨리사 서_ 저는 시각 학습자예요. 그래서 항상 생물학을 좋아했던
것 같아요. 다이어그램을 그리면 그 내용이 머리에 그대로 남거든
요. 시험 볼 때는 그렸던 그림들을 기억해내곤 해요. 예전에 했던
독특한 일이 하나 더 있는데요. 6학년 때 워싱턴주에서 컬럼비아
강을 가로질러 1마일을 수영한 적이 있어요. 초가을이었는데 컬
럼비아강에는 산에서 내려오는 얼음처럼 차가운 빙하수가 흐르고
있거든요. 지금 생각해 보면 어떻게 그걸 했는지 저도 이해가 안
가요.

Q. 어렸을 때는 어떤 아이였나요? 어릴 적 관심사는 뭔가요?

앨리사 서_ 지금은 어릴 때와 많이 달라졌어요. 처음 미국으로 이사

왔을 때는 영어를 전혀 못 했었어요. 근데 저를 가장 많이 괴롭힌 건 아이러니하게도 저랑 처지가 비슷한 한국 아이들이었어요. 그래서 항상 제 진짜 생각은 속으로만 간직하고, 그림 그리기와 종이접기 같은 취미를 가지게 됐죠. 그 덕분에 창의적인 면을 발전시킬 수 있었어요. 나중에는 포토샵, 일러스트레이터라는 창의적인 기술을 배우는 것으로 취미가 확장됐고요. 나이가 들면서 운동에 소질이 있다는 사실을 깨달았는데 미국 문화에서 운동은 특히 가치 있게 여기는 부분이었죠. 어느 순간 미국 부모들이 대회에서 저에게 다가와 성인대접을 해주며 말을 걸었어요. 스포츠는 확실히 자신감을 많이 키워줬어요. 학교 환경에 적응하는 데도 도움이 됐어요.

1학년 체육 시간이었는데, 시간 제한이 있는 장애물 코스를 통과해야 했어요. 선생님은 기록에 따라 순위를 매겼고요. 제 차례가 됐을 때 별생각 없이 코스를 통과했어요. 모든 아이들의 차례가 끝나자 선생님은 제가 1등을 했다고 말씀하셨어요. 미국인 친구들이 저보다 훨씬 더 운동신경이 좋을 거라고 생각했기에 깜짝 놀랐죠. 운동신경은 아빠에게 물려받은 것 같아요. 아빠는 군대를 제대하고 나서도 직장 스트레스 해소를 위해 철인 3종 경기에 출전하기 시작했거든요. 아빠는 철인 3종 경기가 얼마나 좋은 운동인지 깨닫고 가족들과도 공유하고 싶어 했죠. 그래서 어렸을 때는 아빠가 저녁마다 자전거를 타러 갈 때 옆에서 같이 자전거를 탔어요. 아빠랑 둘이 매일 저녁 이 일정을 따랐어요. 결국, 가족 모두 함께 자전거를 타는 것이 일상적인 주말 나들이가 됐죠. 중학교에 다니기 시작했을 때도 매주 15km를 타곤 했어요. 수영은 좀 신기한데, 제가 원래 물을 무서워했거든요? 근데 워싱턴에 살 때 수영팀에 가입하면서 그게 바뀌었고, 그 이후로 수영을 좋아하게 됐어요. 어릴 때는 나무 사이에 낮게 밧줄을 연결해서 동네 아이들과 함께 줄을 타고 다니기도 했어요. 또 산악 오토바이, 스쿠터, 스케이트 보드를 타고 동네를 돌아다니기도 했죠. 밖에서 많은 시간을 보냈어요.

Q. 하버드에 진학할 때 부모님은 얼마나 관여했나요? 어떻게 도우셨나요?

앨리사 서_ 솔직히 말하면 부모님은 많이 관여하지 않으셨고, 저를 매우 느긋하게 키우셨어요. 제가 뭐든 잘하려고 스스로 부담을 많이 가지는 아이여서 그러셨나 봐요. 고등학교 때도 통금 시간은 따로 없었고, 엄마는 밤 11시쯤 되면 제가 괜찮은지 확인하는 문자를 보내는 정도였어요. 제가 무언가를 한다고 말하면 엄마는 믿어 주셨어요. 학교나 학업을 위해 무언가 필요하면 부모님은 지원을 아끼지 않으셨어요. 학교 행사에 차로 데려다 줘야 할 때도 묻지도 따지지도 않고 도와주셨어요. 부모님은 저에게 어떤 기대도 하지 않으셨기에 사실 제가 하버드에 합격한 건 기적이나 다름없어요.

부모님께 배운 중요한 점 중 하나는 어려움에 직면했을 때 굴하지 않아야 한다는 것입니다.

부모님은 한국에서 미국으로 온 이민자세요. 아빠가 박사 학위를 받기 위해 미국으로 왔을 때, 부모님은 영어를 배웠어야 했죠. 2009년 뉴욕 빙엄턴에서 총기 난사 사건이 있었어요. 사건 장소는 엄마가 매일 영어를 배우러 다니던 주민 센터였죠. 그날 13명이 사망하고 4명이 부상을 입었어요. 설상가상으로 엄마네 교실이 총격범의 표적이었고요. 엄마의 가장 가까운 친구들과 지인들이 그날 목숨을 잃었어요. 다행히 그날 엄마는 배가 아픈 절 돌봐주시느라 집에 있어서 살아남을 수 있었어요. 안타깝게도 뉴스에는 나오지도 않았던 것 같아요. 희생자들이 대부분 미국에 가까운 친척도 없는 이민자들이라서 그 비극을 대신 말해줄 사람이 없었기 때문이겠죠. 정말 힘든 상황이었지만 엄마는 가족들에게 힘든 티를 하나도 내지 않으셨어요. 정말 강한 분이시죠.

아빠가 언어 장벽에 부딪쳐 직장을 구하기 어려워하시는 모습도 봤어요. 그래서 더 열심히 노력했어요. 제가 아빠보다 미국에서 성공할 가능성이 더 클 테니까요. 영어를 사용하는 데 문제가 없었으니까 주어진 기회를 최대한 활용할 수 있었거든요. 그런 일들이 모든 일에 동기부여가 됐죠.

Q. 하버드를 준비하면서 가장 기억에 남는 일은 무엇이고, 뜻밖의 경험은 무엇이었나요?

앨리사 서_ 우선 하버드에 합격할 거란 생각을 전혀 하지 않았어요.

작년에 누가 하버드에 지원할 생각이 있냐고 물었다면 아마 아니라고 대답했을 거예요. 고등학교 2학년 때 웰즐리(Wellesley) 대학에 다니는 친구가 저를 설득한 주범이에요.

"앨리사, 꼭 지원해 봐. 하버드에 합격할지도 모르잖아. 그럼 둘이 보스턴에서 함께 지낼 수도 있고."

하버드 지원서를 작성하는 내내 꽤 즐거웠어요. 아마 하버드가 저한테 맞는 학교라는 징조였겠죠.

심지어 할머니도 항상 전화로 공부 열심히 해서 하버드에 가라고 하셨어요. 외국 대학 중에서는 할머니가 알고 계시는 유일한 명문 대학이었으니까요. 저는 할머니에게 이렇게 말하곤 했어요.

"할머니, 안 돼요! 그런 부담 주지 마세요! 할머니는 제가 똑똑하다고 생각하시지만, 그렇게 똑똑하진 않단 말이에요."

하버드 지원서를 제출하기 3개월 전에 나눴던 대화였어요. 하버드에 합격하자 할머니는 이 세상에서 가장 행복한 사람이 되셨고요. 심지어 길거리를 가다가 낯선 사람을 붙잡고 손녀가 하버드에 합격했다고 자랑하셨을 정도였죠.

Q. 후배들을 위해 공부 팁을 준다면?

앨리사 서_ 중학생이나 고등학교 저학년이라면 자신에게 꼭 맞는 공부 방법을 찾으라고 조언하고 싶네요. 저에게 효과적인 방법은 다이어그램을 그리거나 손글씨로 노트하는 거였지만 누군가는 컴퓨터로 타이핑하는 편이 더 효과적일 수도 있으니까요. 그리고 또

하나는 자신이 정말로 관심 있는 분야에 좀 더 집중해야 하고요. 물론 성적도 중요하지만, 어떤 일을 열정적으로 하는지 알아야 자신의 관심사가 드러나도록 지원서를 써서 더 돋보일 수 있거든요. 단순히 좋은 성적만으론 아무것도 안 돼요. 그 지식을 가지고 무엇을 할 수 있는지 알아야 하는데, 그 '무엇'은 좋아하는 분야에서 더 쉽게 나오는 법이니까요.

그리고 세상에서 날 미친 듯이 빠져들게 하는 문제가 뭔지 생각해보는 거예요. 사회에서 바꾸고 싶은 문제가 있다거나 몇 시간 동안 생각할 수 있는 주제가 있다거나. 제 경우는 미국의 의료보험 시스템이 그런 문제였어요. 만약 그런 문제를 떠올리기 어렵다면, 매력적이라고 느끼는 학과목이나 몇 시간 동안 쉽게 몰두할 수 있는 활동도 괜찮아요.

Q. 하버드에 입학할 수 있었던 나만의 'X요소'는 무엇일까요?

앨리사 서_ 제가 합격한 이유는 제가 전형적인 아시아인이 아니었기 때문일 거예요. 전교 1등이었고, 학교 운동부 대표팀 세 곳에서도 뛰었거든요. 게다가 오하이오주의 작은 마을에 살고 있었다는 것도 특이하고요. 거긴 트레일러 촌이었는데 식료품 가게도 딱 하나뿐이었거든요. 애팔래치아에 사는 아시아인이라는 점이 학교에 지원할 때 독특한 이야기로 작용했죠. 에세이 중 하나는 러스트 벨트 지역의 백인이 주류인 빈곤한 마을에서 살며 지역 사회 봉사를 했던 경험을 집중적으로 썼어요. 마을이 얼마나 빈곤했냐면

트레일러 집에 종이 상자를 덕트 테이프로 창문 구멍에 붙여서 유리를 대신할 정도였어요.

명문 대학들은 골고루 잘하는 한 사람을 찾는 게 아니라, 각자의 분야를 잘하는 다양한 신입생을 찾고 있다는 점을 강조하고 싶네요. 저는 이런 생각으로 여러 명문 대학에 지원했어요. 그런 생각이 큰 도움이 됐죠. 아시다시피 엄마들은 수다를 떨잖아요? 특히 한국 엄마들이 수다가 더하죠. 다른 엄마들이 우리 엄마한테 이렇게 말했대요.

"솔직히 앨리사는 아이비리그에 갈 정도는 아니잖아."

그래서 제가 하버드에 합격했을 때 많은 학부모님들이 놀랐어요. 동네에서도 명문대에 누가누가 가겠다는 가설들이 있었겠지만 그 안에 제가 끼어 있진 않았거든요. 저는 항상 저만의 길을 걸었고 다양한 스포츠를 했어요. 동급생들만큼 학업에 집중하진 않았지만, 엄마가 제가 하고 싶은 것을 다 하게 해주셔서 지금도 감사해요.

모든 과목에 뛰어날 필요는 없어요. 어차피 전공 과목은 한두 개만 고를 거잖아요.

Q. 하버드에서 힘들었던 점이 있다면?

앨리사 서_ 고등학교 시절에는 균형을 찾는 게 어려웠어요. 스포츠는 시간이 많이 드는 활동이라 스포츠를 하면서 동시에 학업과 균형을 맞추기란 정말 어려웠거든요. 고등학교 2학년 때와 3학년 때는 학업은 학업대로 하면서 대학 지원서도 작성해야 해서 밤을 새우는 날이 많았죠. 그 시기가 꽤 힘들었어요. 그러면서 동급생 친구들과도 소원해졌거든요. 고등학교 마지막 2년은 입시랑 이력서를 보충하느라 다들 스트레스를 받았고, 경쟁심도 높아졌죠. 설상가상으로 학생들 간 경제적 격차가 큰 편이라 저는 일종의 '버블' 속에 있었어요. 다소 부유한 학생들이나 부모님이 교수인 애들은 대학 수업을 미리 듣는 AP 과목을 들었거든요. 저도 AP 과목을 들었기 때문에 고등학교에서 매일 같이 보는 학생 20명이 제가 사귈 수 있는 유일한 친구의 전부였어요. 근데 고등학교 2, 3학년이 되고 나서는, 특히 3학년 때는 다들 서로의 성적을 비교했죠. 고3은 저한테 그다지 좋은 시기는 아니었어요.

Q. 하버드 교육의 가장 훌륭한 가치는 무엇이라고 생각하나요?

앨리사 서_ 대학 생활을 시작하기 전에 1년을 휴학했어요. 물론 앞으로 만날 사람들도 정말 기대되고 모두가 독특한 배경과 경험을 가진 학교에 다닐 수 있게 돼서 기대하고 있어요. 다른 사람들과 어울리고 각자의 이야기를 들으며 그 배경을 알게 되길 고대하고 있어요. 지금은 1년 휴학 중인 다른 하버드 학생들과 함께 자동차 여행을 계획하고 있어요. 푸에르토리코에서 오는 친구도 있죠. 전 세계에서 온 사람들의 다양한 말투와 억양을 듣고 있다 보니 세상이 얼마나 넓은지 깨닫게 돼요. 정말 놀라운 경험이죠. 하버드에 가면 이런 성공한 사람들하고 인맥을 쌓는 게 목표예요.

Q. 현재 하는 일과 앞으로의 계획은요?

앨리사 서_ 아직 구체적인 계획은 없지만 앞서 언급했듯이 전 의료 보험 시스템에 관심이 많아요. 의대에 갈 것 같지는 않아요. 의사가 되는 건 상상이 잘 안 되거든요. 대신 생물의학 공학에 관심이 많아요. 좋아할지 안 좋아할지는 모르겠지만, 이 길을 가볼 생각이에요. 아빠는 항상 의사가 되라고 하셨어요. 옛날에 의사가 되지 못한 걸 항상 후회하고 계시거든요. 아빠가 예전에 하신 말씀 중에 뇌리에 남은 말이 있어요.

"우리 몸에 대해 모르는 게 이렇게 많다는 게 신기하지 않니? 어떻게 뇌는 신체가 작동하는 방식의 일부조차 알지 못할까?"

생물학을 공부할 때마다 내 몸과 주변의 세상이 돌아가는 원리에 한 걸음 더 가까워진다는 느낌이 들어 좋아요.

과외 활동 및 수상 경력

- 애선스 고등학교 다문화 클럽: 클럽 리더십 이사회 구성원
- 플레인스 커뮤니티 개선 위원회: 애선스 고등학교 대표
- 미국 적십자사 인증 생명 구조원
- 미국 적십자사 CPR, AED, 응급 처치 인증
- 오하이오 대학교 레크리에이션 생명 구조원
- 플레인스 커뮤니티 로고 디자이너
- 개인 영어 과외 선생
- 어린이 책 번역가

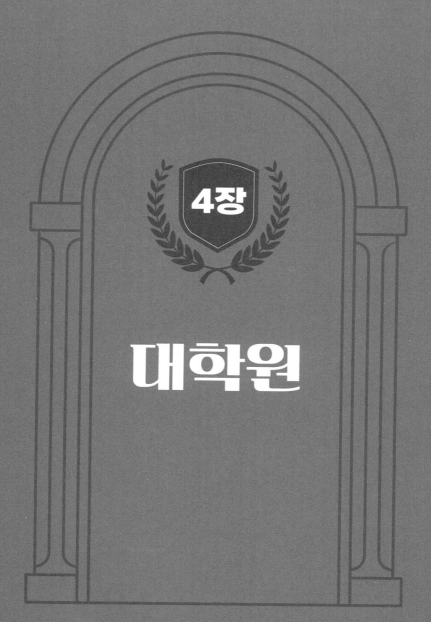

4장

대학원

언어학자 & 댄서

박선민

 선민은 스스로를 '다리'라고 표현할 만큼 새로운 것을 접하고 이미 알고 있는 것과 접목하는 일을 좋아한다. 인문학을 전공했지만 이를 살려 카이스트에서 인문학과 기술과학 분야를 연결할 커리큘럼을 기획하고 있다. 어린 시절 백인을 만난 경험으로 인해 영어에 대한 남다른 애정을 보인 선민은 선생님의 추천으로 미국으로 유학을 갔고, 이후 여러 나라에서 영어를 가르쳤다. 교육 분야에 대한 그녀의 진심 어린 열망은 하버드 대학원 입학에도 크게 작용했다. 선민이 하버드 교육에서 가장 가치 있다고 생각하는 점은 사람이었다. 여러 학문을 공부하는 사람들 간의 교류를 통해 많은 것을 배웠다고 한다.

부모님들이 기억할 포인트

1. 대학처럼 대학원도 인생에서 큰 결정입니다. 자녀가 대학원을 가려고 한다면 반대하기보다는 먼저 지켜봐 주세요. 스스로 하고자 하는 열망이 크다면 반드시 직접 길을 찾을 겁니다. 미국 명문 대학들은 장학금 또한 많이 지원해 주니까요.

2. 아이가 좋아하는 일이 단순히 '학문' 분야일 필요는 없습니다. '요리'를 좋아하거나 '카드 수집' 혹은 '동생 돌보기'라도 상관없죠. 분명 관련된 직종은 어디엔가 존재하고, 그 진로를 탐구할 첫 발걸음은 좋아하고 싫어하는 일이 무엇인지 아는 것입니다.

Q. 고향은 어디고 어떤 학교에 다녔나요?

박선민_ 대한민국 서울에서 자랐어요. 성균관대학교에서 영어영문학을 전공하고 2007년에 졸업했죠. 하버드 교육대학원에서 언어 및 문해력 석사를 따고 2011년에 졸업했고, 노던 애리조나 대학교에서 2015년에 응용언어학 박사를 땄어요.

Q. 나만의 특이한 점은 무엇인가요? 나만의 독특한 개성은 뭐라고 생각하나요?

박선민_ 만약 저를 한 단어로 표현해야 한다면 '징검다리'일 거예요. 저는 새로운 장소에 가고, 새로운 사람들을 만나고, 새로운 것을 배우는 것을 정말 좋아해요. 그래서인지 '가교 역할'을 자주 하게 되는 것 같아요. 저는 이공계 대학으로 유명한 카이스트(한국과학기술원)에서 일하고 있지만 인문학 전공자예요. 시간이 흐르면서 커리큘럼을 통해 문과와 이과를 어떻게 연결할지, 즉 '다리'를 놓는 방법을 찾아야 했어요.

Q. 어렸을 때는 어떤 아이였나요? 어릴 적 관심사는 뭔가요?

박선민_ 저를 처음 본 사람은 절 수줍은 아이라고 생각해요. 부모님은 제가 항상 밝고 말 많은 아이였다고 하셨는데 말이에요. 아버지는 백화점에서 제가 모르는 사람한테도 인사하던 모습이 아직도 기억에 생생하다고 하셨죠. 저는 음악과 춤을 정말 좋아했어요. 하버드 대학원에서 공부할 때였는데, 한국계 미국인 단체에서 주최한 미쓰에이 콘서트에서 친구 세 명과 함께 공연을 해달라는 초대를 받기도 했어요. 그 일로 뉴스 헤드라인을 장식했고, 그 영상은 유튜브에도 올라와 있어요! 또 서예도 좋아했는데 전국 대회에서 수상한 적도 있어요. 피아노도 치고, 글쓰기도 잘했고, 수영 실력도 뛰어났죠. 새로운 것을 배우길 좋아했고 가능한 한 빨리 배우고 싶어 했어요.

어릴 때는 한국에서 살았는데 처음으로 파란 눈의 미국인에게 "Hello"라고 인사를 건넸을 때 미국 문화에 관심이 생겼어요. 마치 영화 속 한 장면 같았는데요. 처음으로 원어민 앞에서 영어를 사용해 본 순간이었고, 꼭 감춰졌던 새로운 언어를 발견한 것처럼 느껴졌어요. 그래서 영어를 더 많이 알아야겠다고 생각했죠. 이후 영어를 배우는 것도 취미 중 하나가 됐어요.

Q. 하버드에 진학할 때 부모님은 얼마나 관여했나요? 어떻게 도우셨나요?

박선민_ 저에게 유학을 권유한 건 부모님이 아니었어요. 미국 명문대에 원서를 넣어보라고 제안한 건 바로 선생님이셨어요.

부모님과 먼저 상의했던 기억은 없어요. 혼자 유학을 결정했고 바로 준비에 들어갔죠. 부모님은 제가 결정을 내리는 모습을 곁에서 조용히 지켜보셨어요. 여러 대학 웹사이트를 둘러볼 때 어깨너머로 저를 지켜보는 시선을 느낄 수 있었죠. 그들은 아무 말도 하지 않았지만, 늘 그들의 신뢰를 느낄 수 있었어요. 대학에서 영어를 전공했기 때문에 해외로 나가고도 싶었어요. 흥미롭게도 대학원에 입학 준비를 할 때 부모님은 저의 결정을 지지하지도 반대하지도 않으셨죠.

결국 하버드, 컬럼비아 같은 여러 좋은 대학에 합격했어요. 정말 운이 좋았죠. 그중에서 하버드 교육대학원 언어와 문해력 프로그램을 선택했고요. 부모님도 제 결정을 아신 후 다 같이 축하해주셨어요. 부모님이 결정 과정에서 큰 역할을 하진 않았지만 오늘날의 제가 될 수 있게 해주셨고 제가 이런 목표를 달성할 수 있게 된 중요한 요인이었죠.

Q. 하버드를 준비하면서 가장 기억에 남는 일은 무엇이고, 뜻밖의 경험은 무엇이었나요?

박선민_ 그때는 시간과의 싸움이었어요. 하버드 입학 준비를 할 시간이 너무 적어서 지금 돌아보면 솔직히 어떻게 해냈는지 모르겠어요. 9월에 시작해서 11월 말까지, 두 달 반 동안 준비했었어요. 그 기간에 TOEFL과 GRE 시험을 마치고, 필요한 지원서를 작성하고, 여기저기 서명하고, 커피 섭취량을 조절하고, 영어사전에 나오는 단어 중 가장 무섭고도 짜릿한 단어를 눌렀어요. '제출' 버튼 말이죠.

정말 눈이 튀어나올 때까지 집중해서 공부했던 기억이 나요. 고등학교 때보다 더 열심히 공부했어요. 아침 9시부터 밤 9시까지 친구들과 스터디그룹을 만들어 공부에 매진했어요. 뒤에 앉아 있던 친구들이 이렇게 말할 정도였죠.

"뒤에서 보니까 선민이 불타는 것 같아."

시간이 없었기 때문에 의자에 불을 낼 정도의 열정으로 집중할 수밖에 없었죠. 그렇게 눈앞에 있는 일에만 집중하고 모든 것을 끝내는 능력이 자연스럽게 몸에 배어 있었어요. 그 끈기 덕에 하버드에 입학해서 석사, 박사 학위까지 딸 수 있었죠. 시간이 충분한 사람은 어디에도 없겠지만, 이 모든 경험 덕에 집중력을 극대화하면 어떤 일이든 해낼 수 있다는 자신감이 생겼어요.

Q. 후배들을 위해 공부 팁을 준다면?

박선민_ 한국 교육부에서 저를 재능 있는 자원봉사자로 인정해 줬어요. 그래서 가끔 학생들에게 무료 진로 강연을 하고 있죠. 제가 학생들에게 중요하다고 항상 강조하는 점이 하나 있어요. 바로 자신이 좋아하거나 잘하는 일을 찾으라는 거죠. 학교에서 좋은 성적을 내기 위해 항상 노력해야 한다는 사실은 바뀌지 않지만, 배움은 정말 무궁무진해요.

진로 강연에서 학생들에게 간단한 세 칸짜리 표를 만들라고 해요. 그리고 좋아하는 것 10가지, 잘하는 것 10가지, 싫어하는 것 10가지를 적으라고 하죠. 꼭 학교 과목을 적을 필요는 없고요. 요리를 좋아하면 요리를 적을 수 있고, 동생을 돌보는 것을 좋아하면 그것도 표에 넣을 수 있죠. 이 연습은 학생들이 제한 없이 글을 쓸 기회를 주죠. 누구나 최소한 한 번은 시도해봐야 하는 좋은 연습이에요. 자신의 좋아하는 것과 싫어하는 것을 일찍 발견해야 나중에 진로를 탐색할 수 있으니까요.

그리고 대학원을 생각하는 모든 지원자에게 말하고 싶은 게 있어요. 부유한 집에서 태어나거나, 지원 준비할 시간이 많은 사람만 하버드나 명문 대학에 갈 수 있다고 생각하지 마세요. 물론 시간도 많고 재정적 자원이 있다면 합격할 확률이 더 높겠죠. 그러나 저도 지원하는 데 2주 반밖에 걸리지 않았어요. 정말 눈 깜짝할 사이였어요. 지출도 적었죠. 지원비와 시험 비용 외에는 거의 안 들었고요. 사교육 기관이나 학원의 도움도 전혀 받지 않았어요. 좋은 소식이 하나 더 있는데 한번 합격하면 장학금 기회가 많아진다는 거예요. 하버드의 재정 지원 패키지는 정말 후하게 줘서 다양한 재정적 배경에서 온 사람들이 장학금 받을 기회가 정말 많아요.

Q. 하버드에 입학할 수 있었던 나만의 'X요소'는 무엇일까요?

박선민_ 유학을 떠나기 전에 하버드 지원서에 넣을 학업계획서와 이력서를 작성하려고 지난 5~10년 동안의 개인적, 직업적 경험을 되돌아봤어요. 싱가포르, 영국, 아일랜드, 한국 등에서 영어를 가르친 경험, 봉사활동 참여 등등 그동안 리더 자리를 많이 맡았고 상당한 경험을 쌓았다는 것을 깨달았어요.

특정한 전략을 가졌거나 이력서를 '좋게 보이게' 하려고 특정한 곳에서 일하려는 의도는 전혀 없었어요. 제가 참여한 모든 활동은 정말 자연스럽게 저에게 다가왔어요. 제가 추구하는 분야를 진정으로 사랑했다는 걸 잘 보여주는 방식으로 제 경험과 이야기를 풀어냈어요.

입학 시험은 점수가 높다고 다 큰 도움이 되는 건 아닌 것 같아요. 완전히 괜찮은 GRE 점수를 가지고 있는데도 점수를 조금이라도 더 올리기 위해 시험을 계속 다시 보려는 학생을 많이 봤는데 그건 아닌 것 같아요. 대신 학업계획서를 수정하고, 경험을 쌓고, 지원서에 넣을 다른 보충 자료들에 집중하세요. 이런 것들이 더 큰 영향을 줄 테니까요. 저는 합격할 때까지 충분히 이해하지 못했던 사실이에요.

Q. 하버드에서 힘들었던 점이 있다면?

박선민_ 은행 시스템이요. 이런 질문을 받을 때마다 미국 은행에 처음 갔던 때가 생각난다니까요. EFL(외국 학생용 영어 수업)에서 영어를 배우는 것 말고도, 미국에 도착해서 겪은 장애물들은 익숙지 않은 새로운 문화 때문에 생긴 일들이죠.

도무지 이해가 안 되는 게 한국에서는 은행 계좌를 만드는 데 10분밖에 안 걸리는데, 미국에서는 5시간이 걸린다는 거예요. 하지만 미국은 원래 일 처리 방식이 이렇다는 걸 알고는, 상황을 가볍

게 받아들이기로 하고 그때부터 은행 직원과 재밌게 얘기를 나눴죠. 이 한 번의 경험으로, 한국 사무직은 매우 비즈니스적이고 업무를 효율적으로 처리하는 반면, 미국 사무직은 매우 사교적이며 사람을 알아가는 데 시간을 더 할애한다는 결론을 내렸죠.

병원, 우체국, 식료품점도 똑같아요. 하지만 또 도로교통과는 안 그래요. 단연코 절대 아니에요.

Q. 하버드 교육의 가장 훌륭한 가치는 무엇이라고 생각하나요?

박선민_ 단연코 하버드에서 만나는 사람들이죠. 하버드에 있을 때 하버드 한국인 커뮤니티의 교육대학원 학생회 대표로서 다양한 행사와 세미나에 참석했었어요. 동료들과 학제 간 실천을 교류한 일은 제 학업 생활을 통틀어도 두드러지는 점이에요. 모두가 신나서 서로 아이디어를 공유하고, 프로젝트에 협력하고, 서로에게서 열심히 배웠어요.

고등학교 때는 수많은 밤을 커피로 지새우며, 수백 페이지를 읽고, 이른 아침 수업에 참석해야 했던 때가 많았어요. 스트레스가 많았다는 말로는 부족해요. 하지만 하버드에서는 밤을 새우거나 이른 아침 수업을 들어야 할 때도 모든 것이 훨씬 더 재미있었고, 더 살아 있는 느낌이 들었어요. 그건 아마도 긍정적이고 자발적인 사람들에게 둘러싸여 있었기 때문일 거예요. 정말로 하버드에서의 모든 순간과 경험을 즐겼어요.

Q. 현재 하는 일과 앞으로의 계획은요?

박선민_ 지금은 학생들을 돕고 교육 시스템에서 정말로 필요한 것이 무엇인지 알아내기 위해 계속 노력할 거예요. 카이스트 EFL 프로그램의 커리큘럼 디렉터로서 연구와 강의를 통해 학생들이 제한된 시간을 최대한 활용해 영어를 배울 수 있는 새로운 방법을 찾을 거예요. 최근에는 한국 정부의 지원을 받는 STAR-MOOC라는 프로젝트를 맡게 되었는데, 이 프로젝트는 전국의 많은 학교에 열린 강의를 제공해요.

저는 미국 주요 대학과 기업들이 듣는 코세라(Coursera) 인터넷 강의도 해요! 강의 제목은 〈빅 데이터와 언어〉예요. 다양한 학생들을 가르쳐왔지만 이 강의에서는 컴퓨터 공학을 전공한 학생들에게는 텍스트 데이터를 분석하는 방법을, 언어학을 전공한 학생들에게는 이 시대에 중요한 빅 데이터를 분석하는 중요한 기술을 가르치고 있죠. 앞으로도 교육자로서 자원봉사를 계속할 생각이고, 경력 시작에 대한 강좌도 많이 할 예정이에요. 그렇게 만난 초등학생, 중학생, 고등학생들은 나중에 제 조언이 많은 도움이 됐다고 했어요. 교육자로서 이런 말을 들을 수 있다는 건 정말 운이 좋은 것 같아요. 수많은 학생 중 단 한 명의 마음이라도 바꿀 수 있다면 제 소임을 다한 거죠.

경력

- 한국과학기술원(KAIST) EFL 커리큘럼 디렉터

교육 디자이너 & 커피 애호가

애니 남

애니는 어릴 때부터 동생들과 선생님 놀이를 할 정도로 가르치는 일에 진심이었다. 한국, 일본, 미국에서 서로 다른 문화와 교육 시스템을 경험하면서 교육에 대한 관심은 더욱 커졌다. 부모님은 교육 분야가 '돈을 잘 버는' 직업이 아니라고 반대했지만 애니는 자기 열정을 따랐다. 과외와 멘토링 자원봉사로 교육자 경험을 쌓아갔고, 이후 한국에 돌아와 대치동에서 유명 학원 관리부장으로까지 지냈으며, 여러 교육 저서도 저술했다. 애니가 하버드 교육에서 가장 가치 있다고 생각하는 점은 사람과 교육 자원이었다. 열정적인 학생들을 보고 동기 부여가 됐고, 하버드가 제공하는 많은 기회를 통해 다양한 경험을 했다고 한다.

부모님들이 기억할 포인트

1. 굳이 '돈을 잘 버는' 직업이 아니더라도 아이가 어릴 때부터 '선생님 놀이'를 하며 교육에 관심을 보인다면 반대보다는 지지를 해주세요. 굳이 학교 선생님이 되지 않더라도 대치동 학원 강사, 교육 서적 저자, 대학교 커리큘럼 교육 디자이너, 유튜브 강사 등 다양한 직업적 선택지가 있습니다.

2. 하루에 커피를 몇 잔씩 마신다면 커피를 마시는 행동을 통해 에너지를 충전하는 개성으로 보고, 걱정이 된다면 마시지 말라는 잔소리보다는 정확한 팩트에 근거해 커피의 장단점에 대해 토론을 해보자고 제안하는 부모님이 되어 주세요.

Q. 고향은 어디고 어떤 학교에 다녔나요?

애니 남_ 대한민국 서울에서 태어났고 일본을 거쳐 미국에서 살았어요. UCLA에서 경영경제학 및 커뮤니케이션학을 전공하고 10쿼터/3년으로 졸업했죠. 하버드 교육대학원에서 교육 기술을 공부했고 2020년에 졸업했어요.

Q. 나만의 특이한 점은 무엇인가요? 나 자신을 독특하게 만드는 개성은 무엇인가요?

애니 남_ 저는 하루에 네다섯 잔의 커피를 마셔요. 제 혈관에 흐르는 커피양이 생산성과 비례하는 것 같아요.

Q. 어렸을 때는 어떤 아이였나요? 어릴 적 관심사는 뭔가요?

애니 남_ 어렸을 때 아버지 직업 특성상, 또 부동산 투자에도 관심이 있으셔서, 우리 가족은 3년마다 이사를 했어요. 그 결과 나라 3곳에서 6개 이상의 도시를 돌아다녔죠. 저는 몇 달 안에 새로운 언어를 배우고 새로운 문화에 적응해야 했고요.

초등학교 5학년 때까지 저는 선생님이자 예술가가 되고 싶었어요. 동생과 사촌들을 앉혀 놓고 '강의'를 하던 게 기억나요. 작은 가

짜 칠판에 무언가를 써서 애들이 받아쓰도록 하고 숙제를 채점하
곤 했어요. 학교는 제집처럼 편한 곳이었고 여름방학은 싫어했어
요. 세 달 동안 제가 좋아하는 선생님과 친구들과 교실에서 함께
할 수 없었으니까요.

문화, 언어, 학교가 어릴 때 주된 관심사였어요. 도쿄의 국제학교
를 졸업한 후 저는 UCLA에서 경영경제학과 커뮤니케이션학을
전공하게 됐죠.

**Q. 하버드에 진학할 때 부모님은 얼마나 관여했나요? 어떻게 도우셨
나요?**

애니 남_ 그때를 생각해 보면 부모님은 의도했든 의도하지 않았든
제 진로에 큰 영향을 주셨어요. 엄마는 가정주부셨고, 아빠는 한
국 대기업에서 금융 관련 직책을 맡고 계셨어요. 부모님 모두 열
심히 일하셨고 가족을 최우선으로 생각하셨죠. 저는 부모님처럼
되고 싶었어요. 아빠처럼 비즈니스 감각이 뛰어나고 경제에도 밝
은 사람인 동시에 엄마처럼 아이들에게 따뜻하고 잘해주는 사람
이요.

구직할 때 학부 학위로 무엇을 하고 싶은지 명확한 생각은 없었어
요. 친구들이 1~2년 동안 아시아로 가서 선생 일을 하는 것을 보
고 저도 선생님이 되고 싶다는 생각을 하게 됐죠. 부모님은 교육
이 '실용적인' 전공이라고 생각하지 않으셔서 처음에는 반대하셨
지만, 제가 정말로 하고 싶은 일이라서 계속 밀고 나갔죠. 대학 시

절 로스앤젤레스 도심의 한 중학교에서 자원봉사를 하며 도심의 청소년들에게 과외도 해주고 멘토링도 했는데요. 고등학교와 대학 내내 과외를 했고 학부모와 학생들 모두 긍정적으로 반응해줬어요. 그 당시에는 공식적인 '교사 자격증'은 없었지만 잘 할 수 있을 거라는 확신이 들었죠.

아시아에서 2년 이상 오래 머물렀고, 사교육계에서 정말로 높은 자리까지 올라갔어요. 그러다 10명 이상의 교사와 여러 지원직을 관리하는 관리부장으로 일하게 됐는데요. 서울에서도 교육열로 유명한 대치동에 있는 한 유명 학원에서 일했어요. 사실, 한국의 여러 사립학교와 국제학교에서 일하면서 아빠한테 배운 경제 지식과 사업 감각, 엄마한테 배운 인내심과 교육 기술을 잘 활용할 수 있게 됐어요. 무엇보다도 부모님은 항상 저의 가장 큰 롤모델이셨고 다른 사람들을 존중하고 열심히 일하며 겸손함을 유지하는 방법을 보여주셨어요.

하버드에 지원하기로 했을 때 부모님이 가장 많이 응원해 주셨어요. 제가 서울에서 일하는 동안 부모님은 도쿄에 계셨는데요. 진로와 인생의 선택에 대한 아이디어와 전략을 논의할 생각에 두 분을 뵈러 일본에 갈 날을 손꼽아 기다렸어요.

Q. 하버드를 준비하면서 가장 기억에 남는 일은 무엇이고, 뜻밖의 경험은 무엇이었나요?

애니 남_ UCLA 학부 과정도 즐겁게 보냈지만, 항상 엘리트 학교에 합격한 최고의 학생들은 어떻게 했는지 궁금했어요. 고등학교 때는 하버드가 별세계처럼 보였거든요.

대치동에서 치열하게 경쟁하는 학생들을 가르치면서 가장 성공적인 학생들이 자신을 차별화하기 위해 무엇을 하는지 이해하게 됐어요. 열정적이고 적극적인 데다 제가 예상했던 것보다 훨씬 더 많이 공부하더라고요. 하지만 그보다 더 중요한 것은 실제로 공부를 즐겼다는 점이었죠. 학생들에게 배우는 게 하도 많아서 오히려 애들이 저를 가르치는 것 같았어요. 덕분에 대학들이 완벽한 GPA 이상을 원한다는 것을 깨닫기 시작했죠. 지원서 뒤에 있는 리더십, 인격, 열정을 보고 싶어 한 거였어요.

대학원에 지원할 때는 대학 입시 때와는 다른 관점을 가지게 됐어요. 내가 누구인지, 무엇을 공부하고 싶은지, 이 경험에서 무엇을 얻고 싶은지, 그리고 합격할 가능성이 얼마인지 매우 확신하고 있었죠. 그 당시 부장이었던 저는 주 6일을 일하면서 남는 시간에는 영어 교육책을 쓰고 있었고, 동시에 대학원 지원서도 쓰고 있었죠. 하지만 그 어느 것도 힘들지 않았어요. 제가 하는 일을 진심으로 사랑했고 지원서를 작성함으로써 더 크고, 더 나은, 더 충실한 삶을 상상할 수 있게 됐어요.

지원했던 대학원 여섯 곳에 모두 합격했고 스탠퍼드, 유펜, 컬럼비아를 포함한 몇몇 학교에서 후한 장학금도 받았어요. 최종적으로 스탠퍼드와 하버드 중에서 선택해야 했는데, 스탠퍼드가 뽑는 학생 수가 더 적으니까 더 경쟁력이 있다고 할 수도 있겠지만, 전 처음부터 하버드 아니면 안 된다는 걸 알고 있었어요.

Q. 후배들을 위해 공부 팁을 준다면?

애니 남_ 자신의 삶을 최대한 충만하게 살라고 조언하고 싶어요. 돌아보니 내가 사랑하는 일을 가장 현명한 방식으로 좇는 게 중요하다는 것을 깨달았어요. 모두가 소프트웨어 개발자가 되거나 투자은행에서 일할 필요는 없잖아요. 모두 각자 특별한 기술이나 재능이 있으니까 잘만 활용하면 자신만의 독특한 경쟁력을 가질 수 있어요.

그 기술을 찾고, (제대로 노력하는 것은 물론) 주변의 자원과 기회를 이해하고 현명하게 대처한다면 예상치 못한 문이 많이 열릴 거라고 생각해요.

Q. 하버드에 입학할 수 있었던 나만의 'X요소'는 무엇일까요?

애니 남_ 역시 교육 분야에 대한 헌신과 근면함 때문이었다고 생각해요. 물론 전략도 필요했어요. 학교에 '올바른 방식'으로 지원하는 방법을 알아냈거든요. 프로그램과 학교를 조사하고 포럼이나 학교 웹사이트에서 합격자 스펙을 확인해서 합격한 이유와 떨어진 이유를 이해했어요. 제 성과는 어떻게 되는지 보고, 제 지원서가 돋보이게 할 수 있는 방식으로 보여줬어요. 1년 앞을 내다보며 하버드에서 무엇을 해내고 싶은지 계획을 세웠어요. 적절한 추천사도 신중하게 선택했고요. 출퇴근 시간에 독학으로 GRE를 준비하며 GRE 단어도 3,000개 이상 외웠어요. 또 학업계획서를 20번 이상 수정하며 매번 동료와 상사들의 피드백을 받았어요.

국제 학생들은 학업 기간에 필요한 자금을 충분히 댈 수 있다는 증거를 제출해야 하죠. 하버드 교육대학원(HGSE)에 입학하기 전에 7~8년 동안 일했기 때문에 대학원 프로그램과 그 이후의 생활비를 댈 수 있었어요. 대학원에 들어가는 것 때문에 부모님께 경제적인 부담을 지워드리고 싶지 않았어요.

Q. 하버드에서 힘들었던 점이 있다면?

애니 남_ 하버드에 들어가면 똑똑하고 야망 넘치는 학생들에 둘러싸이게 되죠. 최선을 다해도 재능 있는 다른 학생들이 만들어 낸 결과물과 비교하면 내 결과물이 기껏해야 평범하다고 느껴질 때가 많아요.

하지만 제 인생 최고의 교훈 중 몇몇은 캠퍼스에서 시간을 보내면서 직접 깨달았어요. 다른 사람들과 나의 발전 속도를 비교해서 얻은 게 아니었어요. 그저 우리는 모두 각자의 시간과 경로를 따라가는 중인 거죠. 내가 향하는 방향에 내가 만족할 수 있도록 충분한 공간과 시간을 가지자고 스스로 되뇌었죠.

그리고 자기 자신을 위해 목소리를 내고 나 자신은 스스로 지켜야 한다는 걸 잊지 마세요. 자신이 필요한 바를 말하지 않으면 아무도 대신해 주지 않을 거예요. 그러니 돌아보면 어려움을 극복하는 방법은 자신감을 키우고, 나 자신을 지킬 수 있는 건전한 경계를 설정하며, 나 자신에게 가장 친한 친구가 되어 주는 거죠.

Q. 하버드 교육의 가장 훌륭한 가치는 무엇이라고 생각하나요?

애니 남_ 저와 비슷한 수준의 열정과 야망을 가진 학생들에 둘러싸여 있는 건 놀라운 경험이었어요. 매일매일 부지런한 학생들에게 영감을 받았어요. 밤 10시에도, 일요일 아침에도 일하고 협업하는 게 하버드에서는 일상이었거든요. 학생들이 일에 쏟아붓는 에너지와 열정을 정말로 감사하게 생각하고 있어요.

하버드가 제공한 모든 기회에도 감사해요. 하버드 교수님과 책을 쓸 수 있었고, 하버드 비즈니스 리뷰 프레스와 프로젝트를 진행했으며, 수많은 콘퍼런스와 연회를 조직하고, 노벨상 수상자를 직접 만나보고, 주요 조직의 CEO와 국제 개발 기관의 수장들을 만났거든요. 각 분야의 최고들과 이렇게 만날 수 있다는 건 하버드만의 확실한 장점이에요.

그리고 교육대학원 학생들이 뛰어난 경력을 뽐내줘서 감사하고 있어요. 여러 동문이 세계은행, OECD, 유니세프와 같은 국제 개발 기관에서 일하는 것을 봤어요. 교육 기술 분야에서 구글, 마이크로소프트, 매켄지와 같은 조직에서 일하는 동문도 봤고요. 사람들이 교육이 '소프트' 분야라고 비웃으며 성공할 가능성이 적다고 생각할 수도 있지만 HGSE(하버드교육대학원)에서는 전혀 그렇지 않거든요.

Q. 현재 하는 일과 앞으로의 계획은요?

애니 남_ 현재 MIT 슬론 경영대학원에서 교육 기술 프로젝트를 진행하는 직원으로 일하고 있어요. UC 버클리 하스 경영대학원에서도 시간제로 일하고 있고요. 코로나19 덕분에 두 곳에서 동시에 원격으로 일할 수 있게 됐거든요.

지금처럼 불확실한 시기에는 몇 달 후의 미래가 어떻게 될지조차 확신할 수 없어요. 그래도 계속해서 열심히 일하고 기회를 활용해서 워라밸을 찾기를 바라고 있어요.

저서

- ≪Education and Climate Change: The Role of Universities≫ Springer Nature (2020년 출간)
  하버드 교육대학원의 국제 교육 실습 교수인 페르난도 레이머스 교수와 공동 집필
- ≪엄마표 영어교육 10년 플랜≫ 책찌, 2019년 발행
  어린이 영어 몰입 프로그램에 대한 연간 개인 가계 지출 $30K+ 절감의 실질적 혜택을 제공하는 초기 이중 언어 교육에 대한 베스트셀러 저자
- ≪The Unspoken Rules: Secrets to Starting Your Career Off Right≫ 하버드 비즈니스 리뷰 프레스 출판

직업 경력

- MIT 슬론 경영대학원(MIT Sloan School of Business), 교육 디자이너, 재직 중
- UC 버클리 하스 경영대학원(UC Berkeley Haas School of Business), 교육 디자이너, 재직 중
- Top 대치 학원 및 아카데미, 디렉터
- PR 컨설팅 그룹
- 해커스 아카데미 학원
- 국제학교

예비 변호사
&
파괴의 달인

빅터 로

빅터는 어릴 때부터 레고를 시작으로 만들고 해체하는 과정을 즐겼다. 이러한 취미로 빅터는 기술에 관한 관심과 분석 능력을 키웠고 논리적 사고가 필요한 법학에서 큰 도움이 됐다. 법학을 전공했지만 단순히 '돈이 되는 직업'에만 몰두하지 않고 다양한 취미가 있었다. 미술과 사진학을 부전공으로 삼을 정도로 예술에도 관심이 많았고, 경영학을 전공하면서도 컴퓨터 과학을 공부하는 다소 엉뚱하고 독특한 학생이었다. 빅터가 하버드 교육에서 가장 가치 있다고 생각하는 점은 네트워크였다. 미래의 저명한 인사들과 인맥을 쌓을 수 잇는 중요한 장이기 때문이다.

부모님들이 기억할 포인트

1. 인생은 언제 어떻게 바뀔지 모릅니다. 빅터 본인조차 경영학을 전공하다가 법학으로 갑자기 진로를 바꾸게 될지는 몰랐으니까요. 중요한 진로 선택의 순간에 자녀가 갑자기 진로를 바꾸려 해도 믿고 서포트해 주세요. 부모님의 정신적 지지가 자녀에게는 가장 큰 힘이 됩니다.

2. 공부가 아닌 취미에서도 배울 수 있는 점이 많이 있습니다. 빅터가 레고로 자기만의 장난감과 조형물을 만들고 해체하고, 게임을 할 때도 자기만의 게임속 환경을 만들며 기술적 분석적 능력을 키웠듯이 취미 활동에도 배울 수 있는 점이 있습니다. 또한 취미 활동을 보상으로 스트레스를 해소하고 공부에 더욱 집중해 공부 효율과 질을 올릴 수 있습니다.

Q. 고향은 어디고 어떤 학교에 다녔나요?

빅터 로_ 경상도 대구에서 태어났지만, 한 곳에서 3년 이상 살아본 적이 없어요. 한국에서 호주로 이사해 잠깐 살았고, 그 이후 시카고, 뉴욕, 보스턴 등에서 살았습니다. 그중에서도 뉴욕이 제 마음에 가장 가까운 도시예요. 뉴욕은 제가 첫 직장 생활을 한 곳이고, 성인으로서의 가치를 확립하며 변호사가 되고 싶다는 꿈을 꾸기 시작한 곳이죠. 법대를 졸업한 후에도 뉴욕에서 변호사 일을 시작하고 싶어요. 노트르담 대학교에서 경영 전공으로 경영학 학사를 취득했고 2016년 최우수 학생으로 졸업했어요. 하버드 법대는 2021년에 졸업했죠.

Q. 나만의 특이한 점은 무엇인가요? 나만의 독특한 개성은 뭐라고 생각하나요?

빅터 로_ 법대 자격증이 있지만 법과 관련 없는 관심사도 많아요. 학부 시절 미술과 사진을 부전공했고 경영학 전공일 때는 컴퓨터 과학에 관심이 많았어요.

Q. 어렸을 때는 어떤 아이였나요? 어릴 적 관심사는 뭔가요?

빅터 로_ 어렸을 때부터 만드는 것을 좋아했어요. 건축가, 건설자, 엔지니어의 자질을 모두 갖추고 있었죠. 완제품 장난감 세트는 사지 않았어요. 레고 조각으로 제 디자인을 만드는 걸 선호했어요. 예를 들어, 스타크래프트를 그대로 플레이하는 대신, 직접 맵과 오브젝트를 코딩하여 저만의 버전을 만들죠. 새로운 해결책 설계를 중시하는 이러한 사고방식 덕에 전 매우 특정한 방식으로 생각하도록 훈련됐죠. 모든 걸 분해하는 성향이 생겼어요. 아이디어부터 프로그램, 기계까지 모든 것을 논리적 프로세스의 기본 요소로 바꾸죠. 그 결과, 복잡한 개념을 분석하고 이해할 수 있는 논리적인 사고를 갖게 됐어요. 법률 세계에서는 모든 문제를 상호 작용하는 가장 기본적인 요소들로 분해해야 해요.

Q. 하버드에 진학할 때 부모님은 얼마나 관여했나요? 어떻게 도우셨나요?

빅터 로_ 법대는 대학원이기 때문에 부모님은 재정적인 도움을 주지 않으셨어요. 하지만 두 분의 무한한 신뢰와 지지가 큰 힘이 됐죠. 사실 저는 MBA(경영학 석사)를 준비하고 있었어요. 학부 전공도 경영학이었고 첫 직장이 컨설팅 회사였거든요. GMAT도 이미 본 상태였는데요. 어느 날 부모님께 전화를 걸어 MBA를 하고 싶지 않고 법대로 가고 싶다고 말씀드렸어요. 갑작스레 말씀드린 데다 준비하는 데 시간도 더 들 텐데 부모님은 제 결정을 지지해 주

섰어요. 아마 부모님께서는 제 결정을 받아들이기 어려우셨을 거예요. 큰 전환이잖아요. 하지만 두 분의 지지와 믿음 덕분에 준비 과정에서 편안하게 제 결정대로 할 수 있었어요.

학생일 때도 부모님은 단호하게 "안 돼."라고 답하신 적이 없어요. 완전 터무니없는 요청은 아니어도 공부와 관련 없는 취미 생활을 많이 요청했거든요. 예를 들어, "아빠, 사진을 정말 찍고 싶어요. 카메라를 사주시면 안 돼요?" 또는 "기타를 정말 배우고 싶은데 레슨을 받아도 될까요?"와 같은 질문이었죠. 제가 무언가를 하고 싶어 할 때, 부모님은 변덕이라고 생각하지 않으시고 오히려 지지해 주시며 최선을 다하라고 말씀해 주셨어요.

Q. 하버드를 준비하면서 가장 기억에 남는 일은 무엇이고, 뜻밖의 경험은 무엇이었나요?

빅터 로_ 미국의 법대 입학 과정은 한국의 과정과 상당히 유사해요. 다른 요소들도 고려하지만 GPA와 LSAT 점수가 정말 중요해요. 하버드 법대에 입학하려면 모든 LSAT 응시자 중 상위 1%에 들어야 하니까요. LSAT 전날 너무 긴장해서 전혀 잠을 잘 수 없었어요. 결국 너무 피곤해서 그 시험은 망쳤어요. LSAT은 1년에 네 번밖에 치를 수 없기 때문에 한 번 실패하면 다음 시도까지 세 달을 기다려야 했죠.

하지만 그 중요한 시기에도 가장 기억에 남는 것은 제가 그 상황을 어떻게 대했는가였어요. 스트레스가 엄청 쌓이고 시험 당일이 다가올 때 가장 중요한 일은 평정심을 유지하는 거였어요. '지금 걱정하지 말자. 시험에 실패하면 그때 걱정하자.'라고 스스로 상기시켰죠. 그건 스트레스 수준을 조절하는 데 정말 큰 도움이 됐어요.

대학을 수석으로 졸업했을 때 교수님들은 법대를 추천하셨어요. 법대보다는 박사 과정을 밟겠다고 말씀드렸어요. 하지만 인생은 예측할 수 없는 것 같네요. 컨설팅하면서 겪은 일인데 제가 일하는 비즈니스 그룹에서 법의 비중이 크다 못해 제 업무 범위까지 제한했어요. 켄터키주로 파견 가서 두 달 동안 M&A 프로젝트를 수행하려 했지만, 한 달 만에 프로젝트가 중단되어 돌아와야 했죠. 워싱턴 D.C.의 연방항소법원에서 합병이 독점 금지법을 위반했다고 판결했거든요. 이런 직접적인 경험은 제 지적 호기심을 자극했고 법을 공부하고자 하는 열망을 불러일으켰어요.

하버드 로스쿨에는 각자 강한 '사명감'을 가지고 입학하는 학생들이 많아요. 많은 학생이 시민권 운동, LGBTQ 커뮤니티의 권리, 빈곤 문제와 같은 사회적 사명을 해결하려고 하죠. 제 사명이 그렇게 야심 차지는 않았지만, 경영계와 사법계를 연결하는 다리를 만들려는 강한 열망이 있었죠.

Q. 후배들을 위해 공부 팁을 준다면?

빅터 로_ 한국군에는 '훈련은 실전처럼, 실전은 훈련처럼'이라는 말이 있어요. 이 말을 항상 마음에 새겼어요. 저한테는 정말 중요했거든요. 고등학교, 대학교, 로스쿨에 다닐 때 항상 일관된 속도로 공부하고 학기 전체에 걸쳐 공부시간을 분산했어요. 그래서 시험 기간이 다가오면 벼락치기 하지 않고 신체적, 정신적으로 조금 여유를 가지는 편이었어요. 시험 기간이 가까워지면 밤새워 공부할 친구들한테 '오늘은 그만해야겠다. 잘 있어.' 하고 저녁 8시에 도서관을 나왔어요. 다른 사람들이 새벽 4~5시까지 남아 있는 것과 달리 일찍 도서관을 나오는 '플렉스'를 할 수 있었어요.

시험은 누구에게나 큰 부담이라 조금씩 공부해야 스트레스를 최소화하고 공부량을 최대로 늘리는 데 도움이 되죠. 그리고 자신에게는 꾸준히 보상을 주는 것이 중요해요. 기말고사가 끝날 때는 작은 보상으로 자신을 격려하는 것이 좋죠.

Q. 하버드에 입학할 수 있었던 나만의 'X요소'는 무엇일까요?

빅터 로_ 저는 비무장지대(DMZ) 휴전선에서 군 복무를 마쳤어요. 공동경비구역(JSA)에서 군복을 입고 선글라스를 끼고 북한 군인과 마주 보고 있었죠. 북한 군인들과 일반 북한 주민들을 5~10m 거리에서 자주 보곤 했어요. 가끔은 판문점 너머의 언덕에서 연기가 나는 것도 봤고요. 나중에 알게 됐는데 그 연기는 개성에서 피어올랐다고 하더라고요. 북한에서 두 번째로 큰 도시인데도 말이죠. 밤에 북한은 정말 어두컴컴해요. 불빛이 들어오는 곳이 몇 군데 있는데 마치 점같이 보였죠. 불빛이 보인 곳은 현대건설이 투자한 개성공단이었대요. 남한의 경우 민간 부문의 투자가 공공재를 창출하고 사회적 영향을 미칠 수 있다는 사실에 깊은 인상을 받았어요. 이 깨달음은 자연스럽게 민간 부문과 전체 경제를 촉진하거나 제한하는 법률의 틀을 이해하고자 하는 관심으로 이어졌죠.

여러분도 지난 5~10년간 자신의 삶을 되돌아보세요. 그때 일들을 되새겨 보고 그 경험에서 얻은 교훈을 생각해 보세요. 그러면 내 경험을 하나로 엮는 근본적인 스토리가 있음을 깨닫게 될 거예요. 자신의 열정과 포부를 나타내는 경험이요.

현실적으로 법대는 높은 시험 점수를 중요하게 여기는 경향이 있어서 법대 지원자는 그 중요성을 인식해야 해요. 하지만 제 입학 점수를 보면 다른 하버드 로스쿨 학생들과 비교했을 때 평균 수준에 불과해요. 정말 높은 점수를 가진 학생들도 있지만 저는 저만의 독특한 스토리 덕분에 다른 지원자들 사이에서 돋보일 수 있었다고 생각해요. 내가 어디서 왔고, 누구이며, 앞으로 어디로 갈 계획인지를 성공적으로 정리하고 전달할 수 있었으니까요.

Q. 하버드에서 힘들었던 점이 있다면?

빅터 로_ 하버드 로스쿨에는 정말 괴물 같은 학생들이 많이 있어요. 처음 수업을 들으러 강의실에 들어섰을 때 미래의 대통령, 상원의원, 대법관들과 함께 학교를 다니고 있다는 생각에 덜컥 겁이 났어요. 미래에 미국 법무부를 이끌 가능성이 높은 재능 있는 인재들이 정말 많았어요. 전 그런 사람들과 함께 공부하고 있었죠. 하지만 실제로는 능력에 비해 굉장히 겸손했어요. 그걸 보고 나서야 비로소 다른 사람들 또한 나를 어떻게 생각하는지 깨닫게 되었고 자격지심을 극복할 수 있었죠.

법대 특성상 경쟁이 많았지만, 하버드라서 경쟁이 다소 잦아들었죠. 하버드 로스쿨의 입학 과정은 최고의 학생들만 가려내거든요. 다들 원하면 언제라도 일자리를 얻을 수 있는 사람들이었죠. 로펌에서 일하고 싶다? 충분히 가능하죠. 법률 서기로 일하고 싶다? 그것도 할 수 있고요. 그래서 동급생들과의 경쟁에서 이겨야 한다는 압박감이 없어요. 그렇다고 해서 학생들이 열심히 공부하지 않는 것은 아니고 그렇게 엄청난 성과를 이룬 집단에서도 자부심을 위한 경쟁이 존재하는 것 같아요.

로펌에 들어가고 싶다면 1학년 성적만으로도 충분히 통과할 수 있어요. 하지만 법학자 되거나 법률 서기를 꿈꾼다면 3년 내내 성적을 관리하고 유지해야 하죠.

Q. 하버드 교육의 가장 훌륭한 가치는 무엇이라고 생각하나요?

빅터 로_ 법은 매우 광범위한 주제이기 때문에 10년~20년 동안 변호사로 일해온 사람들도 자신이 말하거나 듣는 것의 절반밖에 이해할 수 없다고 해요. 배움에는 정말 끝이 없는 것 같아요. 하버드 로스쿨의 변호사 시험 합격률은 거의 100%에 가깝기 때문에, 수업은 학생들이 변호사 시험을 잘 치르도록 훈련하기보다는 변호사처럼 사고하는 방법을 가르쳐서 어떤 문제를 해결할 수 있도록 하는 데 그 목적이 있어요. 처음에는 이해하지 못한 문제조차 말이죠.

하버드 로스쿨에서는 1학년 동안 학생들과 교수들이 토론 기반 수업에 참여하여 각 법률 원칙의 해석에 대해 70분 동안 토론해요. 학생들은 창의적으로 생각할 자유를 가지고 자신의 의견을 표현할 수 있고, 교수는 종종 학생들에게 갑작스레 질문을 던져 생각을 표현하게 하죠. 교수님은 마지막 10분 남았을 때 법의 현대적 해석을 설명하시죠.

하버드에서 공부하는 가장 큰 혜택은 인맥이에요. 미래에 최고 법률 기관의 저명한 지도자와 의장이 될 재능 있는 사람들과 인맥을 쌓을 수 있는 정말 좋은 장소예요.

Q. 현재 하는 일과 앞으로의 계획은요?

빅터 로_ 제 계획은 뉴욕의 한 로펌에서 일하는 거예요. 사실, 로스쿨에 다니면서 월드 뱅크와 BCG에서 비법률 관련 인턴십을 선택한 이유도 다양한 근무 환경에서 다양한 경험을 하고 싶었기 때문이에요. 제가 좋아하는 일이 뭔지 찾기 위한 방법이죠.

어릴 때는 꿈이 자주 바뀌곤 했어요. 성인이 되어서도 마지막 순간에야 변호사가 되기로 결정했고요. 이 이야기의 교훈은 한 분야에만 머무를 필요는 없다는 거예요. 시간이 지남에 따라 관심사가 바뀔 수도 있으니 잘 살펴보는 게 중요하죠. 그래서 로스쿨을 졸업하더라도 한 분야에 얽매이지도 않을 거고 새로운 기회가 있으면 외면하지 않을 거 같아요.

경력

〰️〰️〰️〰️〰️〰️〰️〰️〰️〰️〰️〰️〰️〰️〰️〰️〰️〰️〰️

- 여름 인턴, Davis Polk & Wardwell LLP, 뉴욕시 2020년 6월~현재
- Bridge to BCG 펠로우, Boston Consulting Group, 뉴욕시 2020년 6월
- 인턴, 세계은행 그룹, 워싱턴 DC, 2019년 5월~2019년 7월
- 애널리스트, Deloitte Consulting LLP, 뉴욕시 2016년 7월~2017년 7월
- 여름 애널리스트, Deloitte Consulting LLP, 시카고 2015년 5월~2015년 7월
- 사령관 보좌관, 대한민국 육군 (유엔군사령부 파견), 판문점, 2011년 8월
  ~2013년 5월

비즈니스 분석가
&
(준프로)운동선수

딜런 킴

딜런은 경영학이 천직이라고 할 수 있을 정도로 좋아하고 관심을 많이 가졌지만, 이는 대학에 들어간 뒤의 스토리였다. 학창 시절 딜런의 꿈은 운동선수일 만큼 운동을 좋아했고, 운동을 하고 싶어서 공부를 빨리 해치울 정도로 운동에 빠져 있었다. 축구 선수가 되고 싶다고도 했고, 농구 선수가 되고 싶다고 할 정도로 여러 스포츠를 좋아했던 딜런은 대학 때도 축구를 했고 현재도 계속 운동을 한다. 운동이 딜런의 삶의 활력소를 불어넣어 주는 취미기 때문이다. 딜런이 하버드 교육에서 가장 가치 있게 생각하는 점은 솔직하게 터놓고 의견을 공유할 수 있는 학생들이었다.

부모님들이 기억할 포인트

1. 아이가 운동에만 빠져 있다고 야단치지 말아 주세요. 운동을 통해 스트레스를 해소하고 공부에 집중할 수 있는 에너지를 얻을 수 있습니다. 자녀를 엄하게 단속한다면 서울대학에 갈 수도 있겠죠. 하지만 아이가 전교 1등을 하지 않더라도 미국 명문대에 충분히 갈 수 있는 자질이 있을 수도 있어요.

2. 자녀가 도전할 수 있는 기회가 왔을 때 적극적으로 지지해 주세요. 유명 농구 선수 코치 밑에서 배우려고 시험을 보는 등 도전을 계속할 수 있게 응원해 준다면 새롭고 어려운 상황을 피하지 않게 될 테니까요.

Q. 고향은 어디고 어떤 학교에 다녔나요?

딜런 킴_ 대한민국 서울이요. 서강대학교에서 경영학을 전공했고 2007년에 우수생으로 졸업했죠. 하버드 비즈니스 스쿨에서 일반 경영을 공부하고 2019년에 졸업했어요.

Q. 나만의 특이한 점은 무엇인가요? 나만의 독특한 개성은 뭐라고 생각하나요?

딜런 킴_ 저는 운동을 좋아해요. 중학교까지는 프로 운동선수가 되고 싶어서 운동을 많이 했어요. 비록 학문의 길을 선택했지만, 운동을 계속했고요. 대학에 가서는 축구도 했어요.

Q. 어렸을 때는 어떤 아이였나요? 어릴 적 관심사는 뭔가요?

딜런 킴_ 학교 기록에는 제가 몽상에 빠져 있다는 평이 자주 나왔어요. 어렸을 때는 상상하고 생각하는 것을 좋아했거든요. 사실 열심히 공부한 것 같지도 않아요. 그저 밖에 나가 놀고 싶어서 공부를 빨리 끝내려고 했을 뿐이죠. 그래도 부모님의 바람을 존중하려고 노력했기 때문에 가능한 한 빨리 공부를 마친 뒤 놀려고 했죠. 어린 시절에는 그렇게 뭐든 빨리빨리 하면서 보냈어요.

공부는 열심히 하지 않았지만 어느 시점이 되자 친구들과 같은 고등학교에 가고 싶어서 결심하고 고교 입시를 치렀어요. 결국, 우리 학교에서 저 포함 세 명이 대원외국어고등학교에 합격했죠. 운동만 좋아하던 아이가 어떻게 외고에 입학할 수 있었는지 많이들 궁금해하더라고요.

고등학교 시절을 돌이켜보면 제가 다녔던 학교 학생들과 달리 높은 등급을 받아서 대학에 들어간 건 아니었어요. 하지만 재수는 하고 싶지 않았어요. 고등학교까지 한국 교육 시스템에서 정해준 수업표를 따랐어요. 대학에 들어가면 학생이 수강할 과목을 직접 선택할 수 있다는 사실이 정말 마음에 들었어요. 경영학은 흥미로운 과목이었지만, 비즈니스가 완전 제 관심사였어요. 서강대학교에 입학한 후 입시생처럼 공부하기 시작했고 종일 도서관에서 책을 읽었어요. 부사관으로 제대한 후 무슨 일을 할지 생각해보기로 했어요. 당시 한국에는 로스쿨 제도가 있었는데 거기로 가는 것도 재미있을 것 같다고 생각했어요. LEET 시험을 치르고 운 좋게도 훌륭한 점수를 받았어요. 점수가 너무 좋아서 거의 원하는 로스쿨은 어디든 선택할 수 있었죠.

동시에 회사 일자리를 알아보기 위한 준비도 하고 있었어요. 법조계와 비즈니스 중에서 경로를 선택해야 했어요. 변호사로서의 삶에는 만족하지 못할 것 같았죠. 심각한 범죄를 저지른 클라이언트나 사람들을 변호하는 일생을 보내기보다는 세계를 여행할 기회도 있고 행복해질 수 있는 라이프스타일을 제공할 경영 및 비즈니스의 길이 더 마음에 들었어요. 로스쿨을 포기하기로 한 결정이 삼성에 들어가기로 한 선택으로 이어졌죠.

Q. 하버드에 진학할 때 부모님은 얼마나 관여했나요? 어떻게 도우셨 나요?

딜런 킴_ 부모님은 형과 저를 다르게 키우셨어요. 기질적으로 우리가 서로 다르다는 걸 아셨거든요. 형은 고등학교를 수석으로 졸업 했고 전국 5등 안에 들었죠. 시험은 매번 더 높은 점수를 받은 사람한테 언제든 수석을 뺏길 수 있으니 어려운 거예요. 만약 형이 차석을 했다면 성적이 아무리 훌륭해도 어머니가 많이 혼내셨을 거예요. 형의 능력과 성격을 이해한 어머니는 호랑이 엄마처럼 엄격하고 통제하는 편이 더 낫다는 걸 알고 계셨거든요. 형은 계속 우수한 성적을 유지했고 결국 서울대학교에 합격했죠.

반면 저는 반에서 2등, 전교 20등을 하기에 충분한 정도의 공부만 했지만 어머니는 절대 화를 내지 않으셨어요. 몇 년 후 이 얘기가 나왔을 때 만약 저를 형처럼 대했다면 분명 반항했을 거라고 말씀 하셨어요.

부모님은 제가 어렸을 때 하고 싶은 걸 하도록 놔두셨어요. 제 선택이 불법이나 무례한 일이 아닌 이상 많은 것을 할 수 있도록 제지하지 않으셨어요. 어렸을 때 저는 축구 선수가 되고 싶다고 말했고, 중학교 때는 갑자기 농구 선수가 되고 싶다고 했어요. 두 경우 모두 부모님은 반대하지 않으셨죠. 지금 돌이켜보면 엘리트 선수가 되기에는 분명 너무 늦었고 체력도 충분하지 않았다는 점을 알 수 있는데요. 아마도 어머니는 마음속으로 강하게 반대하셨을 거예요. 그럼에도 국가대표팀과 코치들에게 시험을 보러 가게 하셨죠.

이런 환경에서 자라면서 새롭거나 어려운 상황을 피하지 않는 성격이 됐어요. 도전을 두려워하지 않고 실제 경험을 통한 판단을 바탕으로 결정을 내리는 법을 배웠죠. 자연스럽게 새로운 일에도 꺼리지 않고 도전하게 됐어요.

아버지는 어린 시절부터 하버드에 갈 수 있는 자신감을 저에게 심어 주셨어요. "너는 하버드에 갈 거야."라고 말씀하시곤 하셨죠. 그 말은 제가 직장을 얻고 MBA 지원을 준비할 때도 마음속에 남아 있었어요. 나중에 다시 그 말을 생각하게 됐죠. 몇 년 후 그 말씀은 제 형과 저 모두에게 현실이 됐고요.

현명한 부모님 덕분에 저는 잘 성장할 수 있었어요. 하버드 비즈니스 스쿨 입학에 두 분이 결정적인 역할을 하셨어요.

Q. 하버드를 준비하면서 가장 기억에 남는 일은 무엇이고, 뜻밖의 경험은 무엇이었나요?

딜런 킴_ 하버드 MBA에 들어간 학생들은 대부분 자기 일자리에서 열심히 일하다 와요. 그러다 보니 일하는 동안은 자신을 되돌아볼 시간이 많지 않아요. 사실 MBA 지원을 위해서는 자기 경력을 풀어서 정리하는 게 매우 중요하거든요. 저 역시 한발 물러나서 돌아볼 시간이 거의 없었어요.

수년간의 경험들이 모여서 제 성격을 이루고, 제 경력의 바탕이 됐어요. 그 모든 게 하나의 이야기처럼 펼쳐지더라고요. 짧은 시간이었지만 저 자신을 되돌아보는 것이 상쾌했어요. 그 후에는 에세이도 쉽게 쓸 수 있었죠.

MBA를 가기로 한 후 삼성 후원 프로그램에 지원했는데요. 그해 직원 20만 명 중 단 20명이 뽑혔고 저도 그중 하나였어요. 저한테 투자하면 장기적으로 더 큰 성과를 낼 거라고 판단해서 뽑은 것 같아요.

Q. 후배들을 위해 공부 팁을 준다면?

딜런 킴_ 먼저 공부하는 이유와 목적을 찾는 게 가장 중요해요. 시켜서 공부하지 마세요. 공부하고 싶은 이유를 찾으세요. 한 분야에 호기심이 생기면 공부가 더 쉽고 재미있어지니까요. 그러고 나서 열심히 공부하세요. 지금 하는 공부가 쓸모없어 보일 수도 있지만 삶의 어느 부분에든 도움이 될 테니까요. 공부가 '의미 없는' 일이 될 수는 없거든요.

집중력도 강조하고 싶어요. 한국 학생들은 한 장소에서 18시간 동안 열심히 공부하는 경향이 있지만, 인간의 집중력에는 한계가 있죠. 한 번에 4시간만 집중할 수 있다면 8시간 앉아 있더라도 실제로는 4시간만 공부하겠죠. 나머지 4시간은 실제로 공부한 시간이 아닐 거예요. 그러니까 학생들에게 빡빡하게 시간표에 얽매여 공부하면 안 된다고 말하고 싶어요. 100% 집중할 수 있을 때만 공부하러 앉으세요. 쉬어야 할 때는 자거나, 운동하거나, TV를 봤어요. 다시 집중할 수 있다고 느껴지면 공부하러 돌아갔죠. 이게 가장 효율적인 학습법이라고 생각해요. 한 자리에 8~10시간 동안 앉아 있으면 분명 지치게 될 테니까요.

어렸을 때 저는 밖에서 놀기를 좋아했지만, 책 읽는 것도 좋아했거든요. 부모님과 형이 책을 좋아하다 보니 자연스럽게 저도 책을 좋아하게 됐죠. 집에는 책이 많았고 읽었던 책을 다시 읽는 것도 좋아했어요. 그러다 보니 집중력도 천천히 늘어갔고 점점 크면서 더 오래 집중할 수 있게 됐어요.

모든 학생에게 말하고 싶은 게 있는데요. 아무리 공부하기 바쁘더라도 운동은 꼭 하세요. 뇌 건강을 유지하기 위해서라도 신체를 건강하게 유지해야 하거든요. 어쨌든 공부는 정말 고된 일이잖아요?

Q. 하버드에 입학할 수 있었던 나만의 'X요소'는 무엇일까요?

딜런 킴_ 하버드 MBA 입학 사정관들은 원하는 학생 유형을 매우 명확하게 밝혀내죠. 하버드 비즈니스 스쿨은 사회에 변화를 가져올 사람들을 선발하는 기계와 같아요. 특정한 사람들을 선발하여 교육하고 최종적으로는 사회와 세계를 변화시킬 사람들로 키워내죠.

제가 합격한 이유도 하버드가 찾던 기준과 일치한 경험이나 업무

성과가 있었기 때문이고요. 비록 제가 직급이 높지도 않았고 때로는 누군가의 심기를 건드리기도 했겠지만 저는 목소리를 내고 해결책을 찾는 편을 택했어요. 직장에서 '변화를 만들어야 한다'고 말하고 상사들을 설득해 변화를 이끌어냈어요. 이런 방식으로 제 리더십과 의사소통 능력을 잘 전달하려고 노력했죠. 그래서 하버드가 저를 선택했다고 생각해요.

Q. 하버드에서 힘들었던 점이 있다면?

딜런 킴_ 처음에는 모든 게 어려웠어요. 외고 출신이라 일상 대화는 어렵지 않았어요. 하지만 영어로만 공부하는 건 처음이었죠. 게다가 전 세계에서 온 학생들과 있다 보니 다양한 억양과 단어를 알아듣는 법부터 배워야 했죠. 영어로만 배우고 영어로만 의견을 말하는 일은 정말 어려웠어요. 첫 학기 이후에는 익숙해졌지만, 영어를 계속 사용하고 이해하는 것은 확실히 큰 도전이었죠.

하버드 MBA는 한국의 교육 방식과 완전히 달랐어요. 여기서는 '케이스 메소드'라고 불리는 방식을 통해 모든 걸 가르치죠. 수업에서 학생들의 발표와 의견을 전부 기술하는 사람이 있었어요. 그 내용은 수업이 끝날 때 교수님한테 제출하고요. 교수님은 수업에서 한 발언을 기준으로 성적을 매기게 되죠. 이 데이터베이스를 기말 논문과 합치면 최종 점수가 나오는 거고요. 이 데이터를 바탕으로 교수님은 수업 참여도가 낮은 학생들을 불시에 지명하곤 했어요. 이런 상황은 보통 수업 시작 때든 강의 중이든 일어나기 때문에 언제 자신이 지목될지 아무도 모르고요. 모든 학생이 항상 발표할 준비가 되어 있어야 하는 환경이 만들어는 거죠. 한동안 모든 수업에 참석하며 잘하고 있었는데 갑자기 교수가 저를 지목해 발표를 하라고 하셨어요. 처음에는 이 개념을 이해하기 어려웠어요. 전에는 말하고 싶을 때 손을 들면 됐거든요. 이번에는, 그러니까 제가 지명됐을 때는 90명이 얼굴을 돌려 저를 쳐다봤어요. 그래도 이런 상황이 2년 동안 반복되자 이보다 더 나은 교수법이 없다는 것을 깨달았죠. 미리 준비하지 않으면 따라갈 수 없다 보니 사실상 무조건 발표 준비를 해야 했어요.

Q. 하버드 교육의 가장 훌륭한 가치는 무엇이라고 생각하나요?

딜런 킴_ 제 경험상 다른 이들이 경험하지 못한 일을 말하고, 동료들과 유대감을 나누며 의견을 공유하는 게 정말 좋았어요. 한국의 강의 문화에서는 이런 대화를 나누기 어렵다 보니 그때 나눈 대화들은 제 경험에서 매우 소중한 부분이 됐죠.

하버드 MBA 학생들 모두 대학원에 오기 전까지 바쁘게 살아왔어요. 그러다 보니 아예 대학원 다니는 기간을 여행할 기회로 삼기도 하죠. 금요일에 출발해 일요일 저녁에 돌아오는 해외여행을 떠나는 경우가 많았어요. 저도 여행을 많이 다녔고요. 한번은 그리스에 있는 회사에서 일할 기회를 잡아 좋은 추억을 많이 쌓았어요.

Q. 현재 하는 일과 앞으로의 계획은요?

딜런 킴_ 지금은 삼성에서 일하고 있어요. 지금 하는 일은 회사의 전략이 실현될 수 있도록 경영 자원을 할당하는 기준을 설정하고, 회사의 역량을 강화하고 활용할 수 있도록 시스템과 과제를 만드는 일이에요.

졸업 후 하버드 출신에게 거는 높은 기대 덕에 회사로 돌아오자마자 큰 프로젝트를 맡았어요. 그건 회사에 완전히 새로운 틀을 만드는 일이었어요. 지금은 즐겁게 후속 프로젝트를 진행하느라 바쁘고요.

실제로 회사 동료들이 저에게 비슷한 질문을 많이 해요. 다른 일을 해보거나 미국에서 일자리를 찾을 수도 있는데 왜 같은 회사로 돌아왔냐고요. 사실 이 회사에서 하는 일이 정말 즐거워요. 돌아오니 저에게 더 재미있는 일을 맡기기도 했고요.

경력

- 삼성 C&T 경영그룹 비즈니스 분석가
- 대한민국 17사단 소위, 소대장

컴퓨테이셔널 디자이너
&
언어 애호가

김은수

은수는 어릴 때부터 외국어 억양과 발음을 따라 하는 걸 좋아해 취미로 3개 국어를 독학을 했고, 컴퓨터 작동 방식과 컴퓨터 언어에 끌려서 컴퓨터를 직접 조립하기도 했다. 이를 통해 그는 복잡한 것을 분석해 기초부터 알고자 하는 삶의 방식을 길렀다. 삼성에서 건설 프로젝트 관리를 하던 은수는 자신의 정체성에 의문을 느끼고 디자인이라는 다른 분야에 도전했다. 여러 분야를 접목해 새로운 방식을 창출하는 일에 가치를 두는 미국에서는 다른 분야에 뛰어드는 은수의 스토리를 가치 있게 여겼다. 그가 하버드 교육에서 가장 가치 있다고 여기는 점은 여러 학과 간의 긴밀한 네트워크와 학생들을 지원하는 풍부한 자원이었다.

부모님들이 기억할 포인트

1. 자녀가 어느 날 갑자기 컴퓨터를 직접 조립해 보고 싶다고 한다면 말리기보단 장려해 주세요. 비록 컴퓨터 분야로 가지 않는다 해도 복잡한 구조를 분석하는 사고 능력 향상에 도움이 될 수 있으니까요.

2. 자녀가 안정적인 직장에서 건축일을 하다가 자신이 하고 싶은 일이 있다며 갑자기 디자인 공부를 하려 한다면 지지해 주세요. 이전의 지식과 새로운 분야의 지식을 접목하면 자신만의 역량을 길러낼 수 있습니다.

Q. 고향은 어디고 어떤 학교에 다녔나요?

김은수_ 대한민국 광주 출신이에요. 서울시립대학교에서 조경학을
전공했어요. 하버드 디자인 대학원에서 조경학 석사 및 디자인 연
구(테크놀로지) 석사를 따고 2020년에 졸업했죠.

**Q. 나만의 특이한 점은 무엇인가요? 나만의 독특한 개성은 뭐라고 생
각하나요?**

김은수_ 새로운 것을 배우고 경험하는 일에 아주 적극적이에요.

Q. 어렸을 때는 어떤 아이였나요? 어릴 적 관심사는 뭔가요?

김은수_ 호기심은 어릴 적부터 제 본성의 일부였어요. 특히 컴퓨터
의 작동 방식과 언어의 특이성에 끌렸어요. 15살 때 컴퓨터 부품
들을 사서 직접 컴퓨터를 조립했던 기억이 나요. 호기심을 충족하
려면 각 부품이 어떻게 작동하는지 그 근간을 알아야만 했어요.
기계를 만들지 않을 때는 새 언어를 배우는 걸 좋아했어요. 발음
과 억양을 흉내 내는 게 재밌었거든요. 단순히 외국 영화와 드라
마를 한국어 더빙으로 보는 것만으론 충분하지 않았어요. 영화와
드라마를 원어로 경험하고 이해하고 싶어서 영어 외에 중국어와

일본어도 독학했어요. 일상생활에서 저는 머릿속에서 다른 언어로 단어와 문장을 형성하려고 노력했어요. 가끔은 '이 단어가 일본어로 뭐였지?'하고 스스로 물어보고 그 단어를 인이 박힐 때까지 속으로 되뇌었어요. 이렇게 기초를 알고자 하는 저의 성향은 오늘날의 제 모습에서도 찾아볼 수 있어요. 기초부터 공부하고자 하는 집념 덕분에 하버드 디자인 대학원에서 석사 학위 두 개를 딸 수 있었죠.

Q. 하버드에 진학할 때 부모님은 얼마나 관여했나요? 어떻게 도우셨나요?

김은수_ 부모님이 보시기에는 거의 막판에 하버드 대학원 입시를 준비한 것 같겠지만 제가 정말로 원하는 일인지 확인해야만 했어요. 제 경우에는 공부하고 새로운 경험을 쌓고 싶은 충동을 느끼기 전에 이미 직장에 다니고 있었거든요. 부모님은 대학원 유학 결정에 큰 영향을 미치지 않았지만, 제가 입학 지원서를 준비하고 있다는 사실을 알게 된 뒤에는 제 결정을 강력하게 지지해 주셨어요. 이러한 지지 덕분에 부모님의 절대적인 신뢰와 지원을 받으며 하버드로 유학 갈 수 있었죠.

Q. 하버드를 준비하면서 가장 기억에 남는 일은 무엇이고, 뜻밖의 경험은 무엇이었나요?

김은수_ 제가 회사를 그만두기로 한 이유는 단순해요. 만약 삼성이라는 명함이 없다면 나는 누구인가, 제 정체성에 의문을 품기 시작했기 때문이었어요. 어느 날 회사가 문을 닫거나 어떤 이유로 회사를 떠나야 한다면, 나만의 재주로 성공할 수 있을까요? 지금은 좋은 직장에 다니고 있지만, 홀로 생존할 수 있는 기술은 부족하다는 사실을 깨달았어요.

삼성에서 일하는 동안 건설 관리 프로젝트의 마지막 단계를 감독했어요. 하지만 항상 프로젝트의 마무리 작업 대신 창의적인 초기 단계에서 일하고 싶었어요. 건설 현장에서 구현하는 과정에서 디자인을 개선하는 것이 제 업무의 일환이었지만, 개발과 아이디어 단계의 일을 하고 싶었죠. 직업에 이런 변화가 필요하다는 생각이 들자 새로운 지식과 기술을 배우기 위해 대학원에 진학해야겠다는 생각을 하게 됐어요.

처음에는 조경학 석사 학위를 선택했어요. 저는 열린 공간을 디자인하는 방법을 배웠고, 이러한 디자인에 기술을 접목하여 그 공간에서 상호작용하는 사람들의 경험을 향상시키고 싶었거든요. 기존의 디자인 분야에서 일하고 싶지 않았기에 도시 분석을 위한 데이터 활용과 도시의 미래에 관심이 생겼어요.

처음 미국에 왔을 때 예상치 못한 어려움이 있었어요. 문화적 차이, 주변 환경의 변화, 가족과 친구들과 떨어져 있어야 하는 사실에 익숙하지 않았죠. 하지만 새로운 환경에 빠르게 적응하면서 이런 감정도 오래가지 않았어요. 다양성이 넘치는 이 환경은 제 디자인 프로젝트에 많은 영감을 줬어요.

Q. 후배들을 위해 공부 팁을 준다면?

김은수_ 독창적인 스토리를 만드는 능력이 중요하다고 생각해요. 하버드에 처음 도착했을 때 이미 대학에서 건축학 학사를 딴 채 대학원에 온 학생들을 많이 봤어요. 하지만 저는 원래의 경력에서 살짝 벗어나 있다 보니 왜 그런 결정을 내렸는지 제 이야기를 설명하는 게 중요했어요. 그 이야기를 찾는 과정에서도 뭘 공부하고 싶은지, 나중에는 뭘 하고 싶은지, 왜 중요한지 깊이 생각할 수 있었는데요. 이 분야를 찾아보고 자신을 깊이 탐구하면서 제가 선택한 분야에 좀 더 열정으로 전념할 수 있었어요. 대학에 지원하는 모든 학생들에게 제가 줄 수 있는 최고의 조언은 자신만의 스토리를 찾으란 거에요.

Q. 하버드에 입학할 수 있었던 나만의 'X요소'는 무엇일까요?

김은수_ 친구들끼리 있을 때는 항상 하버드 입학 위원회가 저를 입학시킨 것은 큰 실수라고 농담을 하곤 해요. (웃음) 제 입학 원서를 평가해본다면 가장 큰 도움이 된 건 과거 업무 경험일 거예요. 미국에 대해 제가 가장 크게 느낀 점은 다양한 경험을 가진 사람들을 더 높이 평가하는 경향이 있다는 거예요. 반대로 한국에서는 다른 업계에 가려 하면 시간 낭비라고 생각하는 경우가 많아요. 여러 해 음악을 공부하고 연주하던 사람이 갑자기 악기와 악보를 내려놓고 건축학 학위를 따고 싶다고 해봐요. 한국인들이라면 그 결정을 비웃으며 하던 거나 계속하라고 하겠죠. 하지만 제가 여기서 만난 사람들은 학제 간 학습을 지지하고 다양한 경험의 가치를 인정하는 경향이 있었어요.

과거 업무 경험을 대학원 전공과 결합하려는 저의 계획을 본 입학 사정관들에게는 건설 현장에서 건설 관리 업무를 했던 제 경험이 흥미롭게 다가갔나 봐요.

제 지원서에서 주목해야 할 또 다른 중요한 요소가 있어요. 바로 대학원에 지원할 때 주변 사람들이 많이 도와줬다는 점인데요. 직장 동료와 스터디 그룹 멤버들 모두 아무것도 바라지 않고 진심으로 저를 도와줬어요. 하버드 지원서를 준비하기 시작했을 때 마치 사람들이 저를 돕기 위해 적절한 시간에 적절한 장소에 나타나는 것처럼 보였죠. 그 사람들의 도움 없이는 오늘 이 자리에 있을 수 없었을 거예요. 되돌아보면 다들 제가 이 목표를 향해 얼마나 열심히 노력하고, 얼마나 간절히 원하는지 봤기 때문에 저를 도와줬던 거라고 생각해요.

Q. 하버드에서 힘들었던 점이 있다면?

김은수_ 제가 새로운 환경에 쉽게 적응하는 유형인 줄 알았는데, 미국에서 사는 건 쉽진 않았어요. 처음엔 언어 장벽이 문제였죠. 그런데 더 힘든 건 한 장소에서 미친 듯이 뛰어난 사람들과 끊임없이 경쟁하는 거였죠. 하버드에 입학할 만큼 뛰어나다면 대부분 자기 분야에서 잘나가는 사람일 가능성이 크죠. 그런데도 하버드에 도착하자마자 저 자신이 작게만 느껴졌어요.

디자인 대학원 건물은 계단 모양으로 되어 있어서 모든 사람의 작품을 볼 수 있어요. 이 '계단'을 오르내리면서 자연스럽게 모든 작품에 영감을 받게 되지만 엄청난 재능이 담긴 작품이 벽에 전시된 걸 계속 보면 때때로 거기에 압도되기도 해요. 궁극적으로 이런 작품들은 다른 코호트에 제 작품을 발표하고, 학생들과 생각을 공유하며, 다른 사람들과 협업할 방법을 찾는 좋은 기회가 됐어요. 모든 어려움에도 불구하고 이러한 기회는 대학원에서의 경험 중 가장 좋은 부분이었어요.

Q. 하버드 교육의 가장 훌륭한 가치는 무엇이라고 생각하나요?

김은수_ 하버드는 학생들이 MIT와 교차 등록할 수 있도록 허용해서 제가 원하는 수업을 자유롭게 들을 수 있었어요. 디자인 학교는 하버드의 경영, 법률, 교육대학원과 긴밀한 관계를 유지하고 있어 제 통찰력과 네트워크를 넓힐 수 있었죠.

게다가 하버드는 자원이 풍부하고 목표가 명확하다면 학생들이 무엇이든 이룰 수 있도록 환경을 제공해요. 학교 곳곳에는 학생들이 함께 일할 수 있는 세계적인 수준의 전문가들이 있고, 자원도 마음껏 활용할 수 있죠. 하버드에 있으면 논문 작업을 도와주는 사람, 내 연구와 사고 과정을 더 알고자 하는 사람들이 항상 있어요. 이메일 한 통만 보내면 되죠.

Q. 현재 하는 일과 앞으로의 계획은요?

김은수_ 저는 계획된 일정에 따라 사는 부류가 아니에요. 자연스러운 흐름에 몸을 맡기는 쪽이죠. 물론 제 관심사와 목표를 인생의 목적으로 삼아 앞으로 나아갈 거예요. 현재로서는 미국에서의 경험을 계속 쌓고 제 관심사를 더 탐구하고 싶어요. 만약 인생을 하나의 문장으로 생각한다면 그 문장에 제 키워드와 새롭게 발견한 단어들을 추가해 나갈 거예요. 하버드가 제 분야의 은유적인 키워드를 찾도록 도와주었다면, 저는 아직 그 키워드를 가지고 문장을 만들지는 못했다고 보면 되죠. 그래서 전문 분야에서 실무 경험을 통해 이 지식을 얻을 계획이에요.

경력

- 삼성물산 대리

건축가
&
곤충 애호가

윤현석

어릴 때부터 호기심이 많고, 독특한 관심사를 가진 아이였던 현석은 곤충 관찰, 서예와 같은 독특한 취미를 통해 자연과 예술 속 규칙을 발견했다. 곤충의 형태와 패턴을 분석하며 아름다움을 느꼈고, 서예를 통해 정제된 표현의 힘을 익힌 그는 자연과 예술을 향한 자신의 관심을 건축이라는 분야에서 하나로 연결했다. 하버드 디자인 대학원에 지원한 그는 자신만의 독창적인 스타일과 디자인적 사고 과정을 담아 합격했다. 하버드를 세계 최고의 건축 대학으로 평하는 현석은 학교가 제공하는 무한한 자원을 가장 가치 있는 점으로 꼽았다. 풍부한 연구 자원과 높은 명성 덕에 학생들이 마음껏 자기 프로젝트를 완성할 수 있다고 한다.

부모님들이 기억할 포인트

1. 현석은 건축을 전공하게 되었지만, 그 시작은 곤충과 서예를 향한 관심이었습니다. 부모님이 아이의 특별한 관심사를 지지하고 탐구하도록 도와준 덕분에 그는 자신만의 개성을 살려 성장할 수 있었습니다. 아이가 다소 특이한 관심사를 보이더라도, 그것이 예기치 못한 방식으로 미래의 가능성을 열어줄 수 있음을 기억해 주세요.

2. 공부를 더 하라고 다그치기보다는 자기 진로 개발에 더 집중하게 해주세요. 관심사를 찾는 일 또한 길고 지루할 수 있습니다. 빨리 찾을 수 없을지도 모르지만, 일단 좋아하는 일을 찾기만 한다면 부모님이 말려도 아이 스스로 관련된 학문과 기술을 공부할 테니까요.

Q. 고향은 어디고 어떤 학교에 다녔나요?

윤현석_ 대한민국 서울에서 자랐어요. 국민대학교를 졸업하고, 하버드 디자인 대학원에서 건축학 석사로 2020년에 졸업했어요.

Q. 나만의 특이한 점은 무엇인가요? 나만의 독특한 개성은 뭐라고 생각하나요?

윤현석_ 건축만이 아니라 다른 분야에도 관심이 많아요. 다양한 관심사가 있다 보니 누구와도 쉽게 대화를 나눌 수 있죠. 처음 미국에 왔을 때 영어 실력은 형편없었지만, 누구와도 대화를 이어 나갈 수 있었어요. 이 능력은 해외에서 지낼 때 정말 유용했죠.

Q. 어렸을 때는 어떤 아이였나요? 어릴 적 관심사는 뭔가요?

윤현석_ 정말 고집이 센 아이였어요. 사람들이 보통 하라고 하는 건 절대 하지 않았어요. 뭔가 더 고집스럽게 하지 않았어요. 남이 하라는 건 관심이 안 생겼거든요. 피아노 레슨도 안 했고, 수영도 그만뒀고, 태권도도 한 번도 안 배웠어요. 한국 부모라면 애들한테 다 기본적으로 시키는 활동들인데 말이죠. 반면 제가 진심으로 관심이 생긴 활동은 한국 전통 서예와 미술, 곤충학이었어요.

어렸을 때는 곤충에 대해서라면 다 좋아해서 한동안 곤충만 생각했어요. 여름을 곤충 수집으로 보냈던 기억이 나요. 아마도 곤충들의 다양한 형태와 색상에 매료됐던 것 같아요. 아직까지도 곤충의 다양한 모습에 놀라곤 해요. 어릴 때부터 그림과 서예에도 깊이 빠져 있었어요. 고등학교 때는 수학, 생물학 같은 이과 과목에도 몰입했었죠. 한번은 원주율(3.14)을 천 자리까지 외운 적도 있어요. 지금도 200자리까지는 기억하고요. 진로를 정할 때 어린 시절부터 관심을 두었던 예술과 관련된 특성과 고등학교 시절 길렀던 과학에 대한 관심을 모두 아우르는 분야를 찾으려 했는데요. 건축이 딱 들어맞았죠.

Q. 하버드에 진학할 때 부모님은 얼마나 관여했나요? 어떻게 도우셨나요?

윤현석_ 다른 부모님에 비해 열린 마음을 가지고 계셨어요. 다들 자녀의 학업과 미래 직업에 입김이 강한 반면, 저희 부모님은 하버드에 가야 한다는 그런 허황된 목표를 이루라고 도와주지는 않으셨어요. 그렇지만 저는 부모님의 진정한 신뢰와 지원이 하버드 입학을 향한 모든 단계를 가능하게 했다고 굳게 믿고 있어요. 부모님은 저를 의심하지 않았고 항상 제가 열정을 찾아 따라가도록 격려해 주셨죠.

Q. 하버드를 준비하면서 가장 기억에 남는 일은 무엇이고, 뜻밖의 경험은 무엇이었나요?

윤현석_ 하버드 디자인 대학원에 지원하려면 추천사 세 통 중 하나는 디자인 학위를 가진 분이 써주셔야 해요. 추천사를 부탁할 교수님이 딱 한 분 계셨는데, 그 교수님과 특별히 친한 사이는 아니었어요. 그래서 교수님께 추천사를 부탁드리는 과정이 꽤 복잡하게 느껴졌어요. 이 경험을 통해 교수님들과 좋은 관계를 맺는 것이 얼마나 중요한지 깨달았지만요.

Q. 후배들을 위해 공부 팁을 준다면?

윤현석_ 한국에서는 학생들이 외적인 기준과 부모님의 기대를 충족해야 한다는 압박에 많이 시달려요. 그래서 많이들 자기가 진정으로 원하는 것이 무엇인지 파악하는 데 어려움을 겪죠. 부모님들은 좋은 성적을 위해 열심히 공부하라고 말하지만, 관계 형성의 중요성과 진로 개발에 대해서는 잘 가르치지 않아요.

자신이 무엇을 좋아하는지 알아내는 데는 사실 많은 시간과 노력이 들어요. 이 과정은 너무 방대해서 처음에는 어렵게 느껴질 수 있죠. 하지만 자신의 관심사를 찾는 데 시간을 투자하는 것은 매우 가치 있는 일에요. 단순히 공부만 한다고 되지 않아요.

Q. 하버드에 입학할 수 있었던 나만의 'X요소'는 무엇일까요?

윤현석_ 하버드 디자인 대학원에 지원하는 각 지원자는 건축, 예술,

학문적 잠재력을 보여주는 포트폴리오를 제출해야 해요. 이 포트 폴리오가 입시에서 가장 중요한 요소예요. 제 포트폴리오에 담긴 건축 작품은 특별했어요. 학부 수준에서 다른 건축 전공 학생들이 보여주지 못할 다양한 기술과 접근 방식을 보여줬거든요. 제 독창 적인 스타일이 지원서를 더 탄탄하게 만들었다고 생각해요. 제 포 트폴리오는 '디자인적인 사고' 과정을 어떻게 했는지도 보여줬고 요. 즉, 최종 결과물에 집착하지 않고 정제하고 발전시켜 만드는 과정을 더 신경 썼다는 것을 강조했어요.

Q. 하버드에서 힘들었던 점이 있다면?

윤현석_ 한국에서는 자기 생각과 의견을 억누르도록 교육하죠. 저 도 미국의 공개 토론 문화를 정말 즐겼지만 적응하는 데 어려움도 많았어요. 그리고 건축 디자인 출신이지만 대부분의 학생들은 건 축 역사나 공학 출신이었기 때문에 전문용어들이 낯설었어요. 또 다른 어려움은 언어 장벽이었죠. 대화 속에 흩어져 있는 문화적인 문맥을 자주 놓치곤 했어요.

Q. 하버드 교육의 가장 훌륭한 가치는 무엇이라고 생각하나요?

윤현석_ 개인적으로 하버드는 세계 최고의 건축 대학이라고 생각 해요. 제가 이렇게 생각하는 이유 중 하나는 이 학교가 제공하는 무한한 자원 때문인데요. 하버드는 풍부한 연구 자금과 높은 명성 을 가지고 있어요.

특히 디자인 대학원을 이야기하자면 건축가가 된다고 해서 높은 수입을 보장받는 건 아니에요. 일반적으로 건축은 높은 학력과 장시간 근무를 요구하면서도 믿을 수 없을 정도로 급여가 낮아요. 그래서 전 세계의 많은 건축 학교들이 학생들에게 충분한 자금을 제공하지 못해요. 당연히 학생들이 창의력을 발휘하는 데 제한이 따르죠. 따라서 하버드 디자인 대학원 프로그램이 제공하는 최첨단 기술과 같은 '무한한 자원'은 여기 있는 모든 건축학도에게 큰 의미가 있어요. 이런 대학원 프로그램은 정말 드물어요. 미국에 도착하자마자 이 '무한함'의 개념이 확 와닿았죠. 그에 비하면 한국에서 받은 교육은 제한적이에요. 학생들이 실현 가능한 진로는 몇 가지 없어 보였거든요. 하버드에서는 완전한 창의성의 자유를 누릴 수 있죠. 자유가 이곳 교육의 가장 큰 장점이라고 생각해요.

Q. 현재 하는 일과 앞으로의 계획은요?

윤현석_ 현재 보스턴에 머물면서 건축 인턴으로 일할 계획이지만 앞으로 구체적으로 뭘 할지는 더 고민해야 할 것 같아요. 스위스와 프랑스에서 했던 근무 경험이 건축과 건설에 대한 시야를 넓혀 줬으니 앞으로 몇 년간 둘 중 한 곳에서 경력을 더 이어갈 수도 있을 것 같네요. 건축을 공부하고 건축가가 되기까지는 오래 걸려요. 심지어 마흔, 쉰이 되어도 이 분야에서는 여전히 '젊은' 전문가라 불리죠. 하버드에서 디자인 학위를 받은 사람도 예외는 아니고요.

경력

- 한국의 건축 및 조경 설계 회사에서 인턴십
- 군 복무 중 건설 현장 및 문서 관리

헌정사 및 감사의 글

자신이 꿈꾸는 학교가 너무나 멀어 닿지 못할 듯 느껴지는 학생들에게 이 인터뷰집을 바칩니다. 이 책에 나오는 모든 하버드 학생과 졸업생들도 독자와 같은 사람들이며 독자 또한 의지와 노력을 통해 원하는 대학에 들어갈 수 있습니다.

저를 사랑으로 키우고 모든 걸 가르쳐준 가족에 감사합니다. 제가 하는 모든 일을 지지해준 시댁 식구들에게도 감사하고, 나의 모든 것인 아들 엘리에게 감사합니다.

아래에 나온 분은 이 책을 만들 수 있게 도와준 분들입니다. 내용 수정은 물론 맞춤법 검사와 건설적인 피드백과 아이디어까지 주서서 정말 감사합니다. 여러분이 없었다면 ≪내 아이에게 하버드를 선물하라≫는 나올 수 없었을 것입니다.

천수민, 미셸 청, 한동근, 김준엽, 애니 남, 앨리사 서에게 감사합니다.

내 아이에게 하버드를 선물하라

초판 1쇄 인쇄일 ㅣ 2025년 5월 10일   초판 1쇄 발행일 ㅣ 2025년 5월 20일

지은이   ㅣ Jiyoon Kim
옮긴이   ㅣ 김완교
펴낸이   ㅣ 강창용
기 획   ㅣ 강동균
책임편집 ㅣ 인생첫책
디자인   ㅣ 가혜순
마케팅   ㅣ 성현서, 유채연

펴낸곳   ㅣ 느낌이있는책
출판등록 ㅣ 1998년 5월 16일 제 10-1588
주 소   ㅣ 경기도 고양시 일산동구 고양대로 953-17, 한울빌딩 2층
전 화   ㅣ (代)031-932-7474
팩 스   ㅣ 031-932-5962
이메일   ㅣ feelbooks@naver.com

ISBN   979-11-6195-236-9   03590